精致空间

创意家装设计

马小燕 宋春艳 刘 鹏◎著

U0352338

吉林出版集团股份有限公司

全国百佳图书出版单位

图书在版编目（CIP）数据

精致空间：创意家装设计 / 马小燕，宋春艳，刘鹏
著. -- 长春 : 吉林出版集团股份有限公司，2022.6
　ISBN 978-7-5731-1672-7

　Ⅰ. ①精… Ⅱ. ①马… ②宋… ③刘… Ⅲ. ①住宅 -
室内装饰设计 Ⅳ. ①TU241

中国版本图书馆CIP数据核字(2022)第123016号

JINGZHI KONGJIAN : CHUANGYI JIAZHUANG SHEJI

精致空间 ： 创意家装设计

著　　者	马小燕　宋春艳　刘　鹏	
责任编辑	杨　爽	
装帧设计	仙　境	

出　　版　吉林出版集团股份有限公司
发　　行　吉林出版集团社科图书有限公司
地　　址　吉林省长春市南关区福祉大路5788号　邮编：130118
印　　刷　北京亚吉飞数码科技有限公司
电　　话　0431-81629711（总编办）
抖音号　吉林出版集团社科图书有限公司　37009026326

开　　本　710 mm×1000 mm　1 / 16
印　　张　15
字　　数　166千字
版　　次　2022年6月第1版
印　　次　2022年6月第1次印刷

书　　号　ISBN 978-7-5731-1672-7
定　　价　86.00元

如有印装质量问题，请与市场营销中心联系调换。0431-81629729

激发设计灵感，打造宜居精致空间。美观、舒适的家装设计需要投入很多时间和精力，也会遇到各种各样的问题，空间布局、风格选择、灯光布置、软装搭配、家具选购、收纳储物……从设计到选材，从硬装到软装，环环相扣，无论哪一个环节处理不当，都有可能在家装中留下遗憾。

本书系统介绍家装设计的那些事儿，手把手教你打造创意家居空间。

首先，揭秘不同区域家装创意。门厅、客厅、卧室、厨房、卫生间，住宅中的这几大生活空间有着各自的布局原则和设计重点，却都应遵循统一的家装风格。本书详细阐述了简约、轻奢、中式、复古等多种时下流行的家装设计风格，分享设计灵感，让你轻松掌握不同家装设计风格的特色和要点。

其次，多层展示空间布置技巧。从色彩搭配、动线规划、照明设计、家具配置、特色装饰等方面入手，解析不同家装元素的运用与搭配原则，深入剖析各大空间家装设计与实施的全过程。

最后，带你认识装修与装饰的奥秘，为你解读减法装修设计理念，帮你了解无障碍空间设计的种种奇思妙想。

全书内容丰富全面，结构系统完整，行文流畅，要点清晰。文中所阐述的设计理念与现代人的生活理念相契合。同时，本书还特别设置了"家装妙招""家装误区"两个栏目，能给予读者翔实、易实现的家居装扮建议和创意灵感，极具启发性和参考性。书中大量精美的配图亦能给读者带来直观、惊艳的视觉感受与启发。

优质家装设计，兼具美观、实用与创意，让你少走弯路，轻松打造理想之家。

作　者

2022 年 3 月

第一章

格调家装，提升幸福感

——

第二章

有料家装，装修材料一点通
—

第三章

户型与门厅：家的第一印象
—

第四章

客厅：家的颜值担当

第五章

卧室：享受自在私密生活

第八章

装饰与保养：细节之处皆智慧

格调家装，提升幸福感

家是一处令人放松的地方，它能够使我们的身心得以休憩，让我们获得满满的幸福感，幸福的家居空间需要用心装修和布置。

家居装修的目的是要将我们的家装饰得更加舒服、优美，一个舒适且有格调的家，能够大大提升我们的居家幸福感。

你能看懂家装设计图吗

家装设计图是家装工作得以开展的基础，也是我们了解家居装修完成后房子内部的空间布局、样式的途径。

家装设计图大致可以分为两类，一类是平面图，一类是立体图。下面详细介绍这两种不同的家装设计图。

 ## 多样而精细的平面图

平面图是指通过测量实际空间，再按照实际空间和比例尺绘制成的家装设计平面图形。家装平面图有很多种类，主要有平面布置图、天花板布置图、改建平面图、配电强弱图和给水走向图等。

◆ 平面布置图

在家装平面布置图中，一般会明确标出的内容包括各个区域的位置、名称和大小，各类设施、家具、摆件的相对摆放位置，墙体的厚度、尺寸，门窗等的位置和尺寸等。

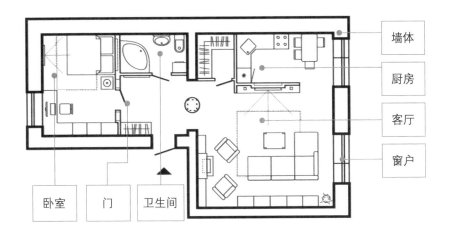

墙体

厨房

客厅

窗户

卧室　门　卫生间

家装平面布置图

　　看懂家装平面布置图的各种标识，了解具体的区域，这样你就可以判断不同区域的划分是否合理美观，如若设计图没有达到你的要求，你也可以就具体的地方提出修改意见。接着，你还可以看家具的摆放是否合理，比如沙发、床的位置。

◆ 天花板布置图

　　天花板布置图是指只展示天花板部分的平面图，我们从图中可以看到吊灯的位置，它一般会标明天花板到地面的距离，让你对装修完成后房间的高度有一个大致的了解。

◆ 改建平面图

在改建平面图中，一般墙体改建图最为常见，而通常情况下，墙体改建图纸上的斜线部分指的是需要拆除的墙体，粗线段部分指的是新砌墙体。

家装妙招

家装平面设计图中不得不注意的内容

拿到家装平面设计图的时候，很多人只会关注各种设备的布局、空间的划分等，对一些非常细微且非常重要的内容却不会过多关注。

这里特别提醒的是，看家装平面设计图时不能只看图中显示的效果，因为设计图有时候并不是按照实际尺寸来呈现的，所以要重点看图中标出的各个空间、设备、家具的尺寸（大小、高低），然后进行比较，再分析空间、设备、家具的尺寸是否准确合理。

看图纸时也不能只觉得布局好看就可以，而且要仔细分析设计是否存在安全隐患。

◆ 配电强弱图和给水走向图

家庭中，冰箱、空调、插座等都属于强电的范畴，而弱电箱连接的则是电视线、网络线等。配电强弱图指的是家庭强弱电的平面布置图。给水走向图指的则是厨卫等功能区的排水线路的平面布置图。

 具体而直观的立体图

家装立体图的具体内容包括承重墙等立面的位置、尺寸和规格，吊顶的高度及造型等，各装饰材料、构造方式等，门、窗等设施的高度和安装尺寸。

家装立体图

家装立体图与剖面图、节点图相对应，能让人一目了然地看清室内建筑结构和装修结构，而相关装修方式、尺寸等信息也能得到清晰的标记，这种优势是平面图所不具有的。

家装误区

家装中盲目省钱

家装花费巨大，很多人在装修房子的时候都本着能省则省的原则，做到处处要节省，但这样很容易陷入省钱的误区。不建议使用价格过于低廉的电线材料，因为这样容易带来安全隐患。地板容易磨损，我们也不能选择过于便宜的材料。

此外，很多人都觉得在家中少装一些插座会省去不少的钱，这样的考虑也不无道理，但同时也应该认识到，电源插座并不是越少越好，因为电源插座不够就只能用插线板来补充，插线板接的电器多了就会造成安全隐患。因此，在保证目前电源插座足够用的基础上还要留出空余。

怎么与装修工人沟通

装修工人是将我们对美好家居空间的渴望一点点变为现实的人。如果我们能和装修工人亲切自如地交流，畅通无阻地沟通，那么"装修大业"就成功了一半。

装修工人：家的装扮者

沟通前做好攻略

◆ 寻找专业的家装公司和施工团队

作为房主，在决定装修的那一天，首先要做的就是找对装修公司，找到专业的施工队伍。

在选择设计与施工方的过程中，我们要注意观察装修公司的运营情况，要求对方提供公司营业执照，查看其相关税务登记是否符合流程和标准，并详细了解对方的企业文化、规章制度、运作程序等。

◆ 了解施工队伍的风评

在和装修公司及施工团队成员打交道的时候，我们要仔细比对装修公司各部门负责人的说法是否一致，注意观察施工队伍做事的风格，察看其内部同事的关系是否融洽。尝试通过多种渠道去了解施工队伍的风评如何，收集其他房主对这支施工队伍的评价，以做参考。

◆ 签订合同前，需刨根问底

房主在与家装公司签订合同前，要将所有不熟悉、不清楚的内容一一询问清楚，比如设计图纸、配色方案、装饰风格等。

对于平面图、效果图、合同中的诸多细则，要逐条核对，得到确切的回复后，再在脑海中梳理一遍关键点，确定毫无疑问后，再与对方签订合同。

家装妙招

如何寻找靠谱的装修工人

大多数房主会在装修的过程中体验到种种酸甜苦辣，仔细回想，装修为什么这么难？其实，它难就难在很多人没有机会在一开始就遇到一支靠谱的装修队伍。

想要找到值得信赖的装修工人，我们可以利用正规专业的网络平台来寻找。在聘用工人前，我们要注意查看工人的资质，了解其过往的工作经历。

我们也可以通过朋友介绍与亲自去施工现场实地考察的方式寻找靠谱的装修工人，特别是采取自主装修的家庭，如果家庭所在的小区里有施工现场，不妨特意去考察一番，观察现场是否井井有条，材料码放是否整齐等。切记，去施工现场的时候一定要注意安全。

另外，我们还要注意甄别虚假广告。很多家装公司为了吸引更多的客户，特意在各类媒体平台上投放各种形式的广告，广告有真有假，房主要仔细甄别、谨慎选择。

沟通时松弛有度

◆ 大局和细节兼顾

装修工人一般包括这几类：工长、木工、电工、油工、瓦工等。通常情况下，绝大多数装修工人都是具有一定专业水准的，且不乏敬业精神，房主只需把握家装设计的风格及配色、家居功能等大的方向即可，专业的事情则交给专业的装修工人去处理。

房主要有大局观，更要对工人的专业性有足够的信任，和他们正常交流时不要惯性地采取探询、质问的口气，或干扰他们的日常工作，这只会加剧房主和工人之间的矛盾和摩擦。

当然，树立大局观不代表你就要做甩手掌柜，装修过程中有很多细节问题是需要格外注意的。比如，要清楚装修材料的品牌、品质、规格及价格等，并掌握报价单中每项费用的计算方法。

装修过程中需要注意的细节问题还有如下几种：室内开关位置的设计要符合生活习惯，插座的数量也要充足；抽油烟机周边位置要预留电源，而预留的插座高度和位置都要提前计划好，高度要足够、位置也要合适，如果插头离抽油烟机太近，长期受热气的熏蒸，就会发生安全隐患。对于诸如此类的细节问题，我们应与工人随时进行沟通，沟通过程中要保持细致耐心的态度。

◆ 善意与距离共存

房主和装修工人是平等的关系，唯有互相尊重，才能保证沟通顺畅，合作顺利。就算在装修过程中不可避免地出现了一些问题，在无伤大雅、可以修正的前提下，房主不妨心平气和地同工人们交涉，靠着大家的努力共同去解决问题。

互相尊重、信任是沟通的前提

当然，在与装修工人沟通时，也别过分客气，有些房主生怕自己哪里做得不周到而得罪了装修工人，于是每次去施工现场都会给工人们带点小礼物，或者动不动就请工人们喝茶、吃饭，哪怕装修工人在工作中出现懈怠也不好意思提出来，这种过分客气的举动和心理并不可取。

房主与装修工人需互相尊重、彼此信任即可，让善意与距离共存，才是这种关系最理想化的状态。

◆ 亮明预算，提前沟通

装修过程中有很多矛盾都出在没有提前沟通上。有些房主不肯亮明预算，凡事都抱着模糊的态度，最后因为报价远远超出自己的预算而生闷气。有些房主因为和装修工人的关系处得太好，一旦涉及关键问题就含糊其辞、标准模糊，最后吃亏的反而是自己。

实际上，我们在装修开始前就要向工人表达清楚自己的需求，并亮明预算。对方经过综合考虑后，才能向你提供最合适的报价方案和装修施工方案。

例如，你可以给工人列出一张需求清单，方便他们去逐一落实。如果在家装方面有某些特殊需求，我们也可在了解常规做法的基础上和工长理性沟通。如果没有提前商量，可能会导致一次又一次的返工。

确定风格，你的生活你做主

不同的历史、文化及环境背景催生出纷繁复杂的室内设计风格和流派，各种风格和流派虽然难免有重合的部分，但也都有其核心特质，如有的清新淡雅，有的典雅华贵，在家装设计中房主可以自由选择任何一种风格来彰显自我个性与热爱。下面简单盘点几种家居空间设计风格。

 ## 现代风格：时尚简约

"Less is more.（少即是多。）"是现代风格的核心。简约，却并不单调；质朴，而又不失厚重。现代风起源于20世纪60年代，其注重空间布局，强调平面构成、色彩构成和立体构成的完美统一，所以在空间设计上并不追求华丽的装饰和复杂的线条，反而将注意力放在建材本身的质感上，力求凸显家居空间的时尚感和高级感，最大化地发挥家居空间的使用功能。

现代风格可分为现代简约风格、现代轻奢风格等。下面针对这两种家居设计风格进行简要阐述。

◆ 现代简约风格

现代简约风格提倡尽量少使用设计元素，对原材料质感要求较高，设计师通常会用曲线和非对称线条及鲜明的色彩对比呈现出一种简单利落却又时尚前卫的视觉效应。

◆ 现代轻奢风格

现代轻奢风格的核心在于高品质和设计感，一般选取象牙白、奶咖色等中性色，并在硬装修中点缀些许现代元素，结合家具和软装来营造一种大气而又极具现代感的家居氛围。

越来越多的人表现出对现代轻奢风格的偏爱，体现了现代人的态度——既追求质感、注重细节，又向往优雅时尚的生活格调。

优雅时尚的现代轻奢风格

中式风格：古韵典雅

中国古典建筑中，最典型的代表是宫廷建筑，而中式古典风格便由此变化而来，其布局设计严格遵循均衡对称原则，一般选用昂贵的传统家具，通过对称式的摆放来彰显其厚重、典雅的风格。

中式风格又分为中式古典风格和新中式风格等。

◆ 中式古典风格

中国古人极其讲究生活品质，他们将自身谦和的气质、深厚的人文素养融入对居住环境的装扮之中，既注重整体的和谐，又追求点睛之笔。中式古典风格的室内设计便吸取了传统建筑和家居装饰的优点，某些装饰原则又与现代流行的"少即是多"理念有着不谋而合之处。

庄重典雅的中式古典风格

中式古典风格的墙面装饰可繁复华丽，比如采用精美的木雕制品去装饰；也可简约雅致，比如选择传统文人书画给单调的墙面增添一抹雅致的风韵。在室内装饰品的选择与摆放上，主要讲究质感和对称，色彩应用上可选取传统的中国蓝和中国红。另外，常用的元素包括陶瓷、字画、屏风、京剧脸谱等。

◆ 新中式风格

新中式家居风格既涵盖了中式古典风格的某些设计元素，又迎合了现代人对简单生活的向往和追求，总体而言，其拥有质朴而又不乏现代感的特质。需要注意的是，此种家居风格并不是中国传统元素的简单堆砌，而是运用现代人的审美来打造兼具古韵及实用功能的室内空间。

有古韵遗风又不失现代审美的新中式风格

欧式风格：精美大气

欧式风格在家具的选择和摆放上追求层次感，对造型有着极高的要求，并擅于运用室内光影变化去营造室内空间线性活动的流畅感。欧式风格对奢华浪漫的情调情有独钟，光洁的大理石地板、老式壁炉、色彩浓厚的挂画、璀璨的水晶吊灯、典雅的布艺沙发等，这些无不给人一种高端大气的视觉感受。

欧式家居风格包括简欧风格和北欧风格。

◆ 简欧风格

简欧风格其实就是简化了的欧式古典风格，它是西方传统审美的延续，又增加了很多现代元素，注重美感及人们居住的实用性和舒适度。室内布局依据对称原则，给人和谐统一的感觉。

◆ 北欧风格

北欧风格家居设计的核心在于简洁实用、功能至上，在硬装方面完全抛弃了欧式古典风格中常用的繁复花纹和图案等元素，采用大面积的白墙和单色家具、装饰品，给人以清新明朗的视觉感受。

北欧风格的家居设计不矫揉造作，不繁重拖沓，不故作深沉，反而透露出一股真挚自然的气息，令人感觉温馨舒适。

简洁实用、清新自然的北欧家装风格

美式风格：休闲浪漫

美式风格的核心理念在于休闲浪漫。某些设计中既崇尚古典，带有浓浓的怀旧风，又讲究实用性。值得一提的是，美式风格家居多使用开放性多功能厨房。

采用混搭式家居设计不提前做好功课

一些年轻人在选择新家的装修风格时比较纠结，他们既喜欢欧式风格的奢华大气，又喜欢现代风格的简约时尚，有的人一拍脑袋，突发奇想——"干脆来个大混合好了！"虽然近些年家居设计混搭风也很流行，但若掌握不好混搭的"火候"，可能导致家装设计与装修的失败。

混搭并不是将几种家居设计风格元素粗暴地堆砌在一起，而是要在经过精心的选择后，挑选几个元素将它们有主有次地组合在一起，以达到整体风格和谐统一的效果。另外，不管是传统搭配现代风格，还是中式搭配欧式、美式或日式风格，都要以一种风格为主，再调动其他风格的元素去增添整体家居设计的层次感。

日式风格：闲适写意

日式家居风格设计理念与日本传统和式建筑设计理念一脉相承，擅于运用空间的流动与分离去诠释"禅"的深邃含义。

日式家居风格为了增强室内装饰的质感，常会借用外在自然景色，通过大自然景色的映衬去塑造闲适宁静的氛围，而这种宁静中又透露出一股勃勃的生机。日式风格在家居用品的陈设上极其讲究，通常选用原木家具，或用绿植和淡雅的插花去点缀空间，令人赏心悦目。

现实写意的日式家装风格

 ## 小众风格：特点鲜明

　　随着新材料、新技术、新设计理念的不断涌现，各种小众家居装修风格也成为年轻一代的心头好。小众家居装修风格包括 ins 风^①、波西米亚风、巴洛克风、后现代风等。在诸多小众家居装修风格中，清新文艺的 ins 风和浪漫随意的波西米亚风都颇受年轻人的追捧，成为

---

① 　ins 风：指 Instagram（照片墙）上的图片风格，Instagram 是一款移动端社交应用软件，其流行的图片风格往往色调饱和度较低，整体偏向复古冷调或者清新干净。

火热的家居风格。有关这两种家居风格的特点简单介绍如下，带你进入别样的家居风格世界。

◆ ins 风

近些年来，ins 风的家居设计颇受追捧，其实，这种风格与简欧风格有着不谋而合之处，比如它们的核心都是简约，即尽量选择线条流畅简单的家具，大面积使用低饱和度的色彩等。相比简欧风格而言，ins 风的亮点在于其充满生活趣味的软装上，每个软装配饰都有独特之处，却又符合室内空间的装修风格，令空间里弥漫着一股文艺安适的气息。

文艺安适的 ins 家装风

◆ 波西米亚风

波西米亚风彰显了一股浓浓的艺术家气质，浪漫自由中又透露出一股独特的时尚感。而高质量的波西米亚风格的家居设计总给人带来难以忘怀的第一印象，这是因为绚烂浓烈的色彩是波西米亚风最典型的特征，置身于这样的家居环境中，你的心情也不由自主地愉悦起来。

巧用色彩，装点美好生活

在家居设计中，色彩搭配是一个经久不衰的话题。色彩可以表达情绪，也可以烘托情绪、改变情绪，家居色彩搭配既要满足空间的功能需求，又要满足现代人的审美趣味。

 ## 家居设计中色彩的分类

在家居设计中，色彩有着背景色、主体色和强调色的划分。想要运用色彩去装扮自己的家居空间，首先要确定背景色，为整个房间定下基调；其次要确定主体色，加深视觉印象；最后要确定强调色，升华室内空间的色彩设计效果。

◆ 背景色：定下基调

当由屋外步入室内时，室内地板、墙面和顶棚的颜色很容易引人注意。这就是背景色的魅力，背景色往往在家居的颜色中占据较大比例，构成室内色彩的基本色调。进行家装配色设计时，背景色往往是房主应首要考虑的家居色彩，确定了背景色，就能自如地调控室内的其他色彩了。

室内背景色的设计不用遵循固定的原则，但一般情况下，室内背景色多以柔和、淡雅的色彩为主，以营造和谐的氛围。

◆ 主体色：加深印象

在家居色彩设计中，包括沙发、桌椅、书橱、衣柜等在内的大型家具，包括窗帘帷幔、床单被罩、沙发靠垫及墙上的挂画等在内的室内装饰与陈设都是构成室内主体色的大面积色块元素。

一般情况下，主体色与背景色协调统一，才能形成舒适的视觉效果。如果主体色与背景色互相矛盾，则可能会给人留下不伦不类的感觉。

◆ 点缀色：升华效果

点缀色的选择和设计属于室内色彩设计的收尾工作，常用来加深室内色彩的层次感和变化性，升华设计效果，增添视觉趣味。

一些色彩浓郁的家装饰品、绚丽的织物、绿植等都可作为点缀色，有效利用它们，不仅能点缀环境，还能起到某些特定的功能。比如，在卧室里摆放一盆开得正艳的寿星花，既为整个卧室空间增添一抹亮丽的色彩，又能起到增加室内空气湿度的效果。

纯色系的背景里，几抹绿意点缀其间

家居色彩搭配的技巧

巧用色彩搭配，既能随心所欲地改变视觉环境，也能带来别样的空间美感。下面带你了解家居色彩搭配的相关技巧，帮助你更好地装扮家居空间。

◆ 暖色、冷色和中性色

人们根据自己的视觉及心理感受，将色彩分为暖色、冷色和中性色。而在室内色彩设计中，色调的变化可以带来不一样的空间效果。比如，暖色系一般包括红色系、橙色系和黄色系，用暖色来装饰家居空间会给人温馨亲近的感觉；冷色包括绿、蓝、紫及其过渡色（如湖蓝色），冷色意象深沉空阔，具有清透凉爽的视觉效果，使人感到平静辽远；中性色包括黑、白、金、银及其过渡色（如灰色、棕色、杏色），作为冷暖两色中间的过渡色，中性色与其他各种颜色具有更强的适配性。

偏好运用暖色来装扮家居空间的人，最好避免大面积使用深暖色，这样会给人带来压抑感。偏好运用冷色来装扮家居空间的人，也要注意冷色的过度使用会给人冷冽疏离的心理感受，所以在具体搭配、调色和运用上，需要有所节制。而在家装设计中，一个很普遍的做法是，采用中性色作为背景色和主体色，采用暖色或冷色作为点缀色，冷暖相宜，才能让室内整体色彩达到平衡搭配的效果。

冷暖相宜的家居空间能带来舒适的视觉感受

家装妙招

了解色彩搭配的禁忌

一般情况下，墙体、天花板等可运用冷色或中性色，如果使用鲜艳浓郁的颜色可能会给人带来一种沉重感和被禁锢感。

进行室内空间色彩搭配时，运用的颜色不要太多、太杂，长久置身于繁杂鲜艳的颜色之间，会让人产生眼花缭乱、心浮气躁的感觉。一般情况下，每个房间的主体颜色不宜超过 3 种。

饱和度高的紫色和粉红色会给人带来烦躁的情绪，最好不要用这两种颜色作为背景色和主体色来装扮房间。

◆ 同类色、近似色和撞色

在进行家居配色方案设计的时候，我们可以使用同类色或近似色叠加搭配的方式去制造新鲜感，同时不要破坏整体的和谐。比如，如果墙面颜色是米黄色，那么我们可以选择与墙面颜色近似或相同、但深浅不一的家具单品，如米白色的沙发、杏色的地毯等，这种色彩搭配能带来无比和谐却又极具层次感的视觉体验。

此外，还可以运用撞色来制造令人眼前一亮的惊艳效果。比如，以冷色调作为基底，同时挑选一种暖色作为重点，并让它反复出现。常见的撞色搭配有：深红撞湖蓝，撞出一种复古感；玫红色撞浅绿色，轻松撞出活泼娇艳感；粉色撞金色，撞出别样的和谐感……

总而言之，撞色运用得好，两种看似不和谐的颜色反而能成为互补色。如果你对颜色不敏感，掌握不好撞色的分寸，那么也可以小面积地使用撞色，比如灰色的餐桌搭配明黄色的椅子，深棕色的沙发搭配薄荷绿的抱枕等。

同类色、近似色叠加带来的和谐家居效果

流畅动线，舒适生活看得见

　　装修新家时，我们不仅要注重风格的选取、色彩的搭配，还要格外注意家居动线的规划。一个理想的家居空间需要囊括不同的功能区，而动线指的就是我们在不同的功能区间穿梭活动的路线。

　　从玄关到客厅，从厨房到卧室，如果动线设计得不流畅，就会极大地影响家居生活的舒适感。因此，要根据一定的原则去设计动线，既不能放弃空间的美感，又要兼顾实用性。

 ## 家务动线：寻找最短路线

　　所谓家务动线，指的就是我们在家中因为做各种家务而产生的活动路线。日常生活中，我们每天都需要做家务。而我们做得最多的家务莫过于洗衣、做饭、扫地、拖地，根据我们的习惯动作去规划好日常烹饪动线、洗衣晾晒动线和打扫动线，才能避免重复性的劳作。

　　拿日常烹饪动线来说，平时我们做饭时，首先需要打开冰箱拿出食材，再进行一系列的洗、切、煮等工作，如果动线设计得不合理，我们就会在冰箱、水槽、操作台和灶台间来回穿梭，劳累烦心不说，还会浪费很多时间。在设计厨房布局时将冰箱、水槽、操作台和灶台依次一字排开，在一条线上进行操作，就能最大程度地省心省力。

要想保障洗衣晾晒动线的流畅度，装修时最好在阳台上空出足够的位置去摆放洗衣机，洗完衣服顺手晾晒。南方阴雨天气多，南方的朋友在预算足够的情况下，还可购入烘干机，与洗衣机摆放在一起，这样洗完衣服后即刻烘干，能节约不少时间和精力。

打扫需要用到的工具包括抹布、扫帚、拖把、垃圾袋、垃圾桶等，如果将这些工具都集中摆放在同一空间内，就能提高打扫效率。

一字排开的厨房，动线最短

居住动线：尊重个人习惯和需求

　　居住动线涉及的空间比较多，包括洗漱动线、就餐动线、休闲娱乐动线、上下班动线等。居住动线设计得不合理，会导致你明明很早就起床，却还是要争分夺秒防止上班迟到。

　　进行家装设计时应充分考虑每个家庭成员的生活习惯和个性化需求。比如，卫生间和卧室、衣帽间的距离不宜过远，这样我们晚上洗漱后便能直接回卧室休息，起床后也能径直走入卫生间洗漱，再进入衣帽间挑选衣服和鞋子。

　　我们也可在一个区域内集中开展某些活动，比如，在玄关处设置鞋柜、穿衣镜、挂衣钩等，这样我们进出门换鞋、更换衣服时会方便很多，还能随时整理仪容。

 ## 访客动线：注重隐私

　　访客动线一般集中于客厅、餐厅和卫生间。设计访客动线时，首先，尽量隔开私密区，避免访客动线与居住动线重叠交叉。如果访客动线与私密区相隔太近，一是会打扰家人休息，二是容易暴露个人隐私。其次，最好采取客厅和餐厅一体的设计，让交谈动线和用餐动线互相连通。

　　另外，要避免客人去卫生间时需要经过卧室的情况的出现，最好将卧室等私密区安排在静区，将公共卫生间安排在动区。

家装妙招

洄游动线：让小户型也能拥有大空间

洄游动线指的是利用环形动线让室内空间得到最大化的利用。举个例子，一些公寓式住房的卫生间大多会开两扇门，一扇门通往客厅，另一扇门可能会连接卧室。居住者下班后如果很累，在玄关脱下外衣和鞋子，进入卫生间后，就能直接洗漱，洗漱完后可进入卧室休息。

将这种洄游动线运用于小户型中，可以让空间变得更紧凑，而这种设计的核心在于多个出口，我们可以从中设计出最短路线。

第二章

有料家装，装修材料一点通

　　在家装设计中，装修材料的使用决定了装修的质量和成本，也会影响家庭装修的整体风格。

　　装修材料的选择应该与家装设计紧密结合，互为参照，即在设计之初便有所考虑，需要考虑的因素包括使用需要、个人喜好、价格、环保等。

地面装饰材料

舒适精美的地面装修能极大地提升房主的居住体验感，正因如此，现代人对地面装饰材料越来越讲究。

材质不一、颜色各异的地面装饰材料能使人产生不同的视觉观感。其种类繁多，一般而言，常见的地面装饰材料可分为三大类，即木地板、石材地板和瓷砖地板。

 **木地板**

用木材制作而成的地板统称木地板。木地板按照材质和制作工艺的不同，可细分为实木地板、实木复合地板、软木地板等。

实木地板由天然木材加工而成，自带温润优美的自然纹理，触感舒适。其优点在于保温隔音及防滑的效果较强，天然环保，是地面装修的首选材料；其缺点在于耐磨性一般，较难保养。

实木复合地板由不同木材压缩而成，具有尺寸稳定、不易变形、

木地板搭配实木家具，营造和谐居室

纹理美观、触感舒适等优点；缺点是价格较高、不耐磨，使用寿命较短。

软木地板质地温润，会给人带来舒适的脚感，具有较强的防潮、防滑性能，适合用于老人房和儿童房。

 石材地板

石材地板，顾名思义，即用各种天然石材制作而成的地板。石材地板因为材质特殊，在具有天然美观外表的同时还有着很强的透气性和防水性。相比其他人工合成材料，石材地板的硬度和抗压强度都高出很多，很耐磨。然而，石材地板需要经过精心的养护，如果使用不当，就会导致其使用寿命大大缩短。

常见的石材地板包括大理石地板、花岗岩地板等。

瓷砖地板

瓷砖地板是很多人在装修新家时的首要选择，原因在于此类地板的材质较为坚硬，防水性强，同时比较耐磨，打扫和养护起来也较为简单。而且瓷砖地板外形较为时尚，有着多种多样的造型和颜色，价格相对而言也比较便宜。但瓷砖地板的舒适度不如木地板，保温性也不太理想。

瓷砖地板可细分为金刚砂瓷砖、全抛釉瓷砖、仿古砖和木纹砖。

家装妙招

有关地面装修材质选择的几点建议

关于地面装修材质的选择，这里提供以下几点建议：

第一，以地暖作为取暖方式的地面装修需要选择导热性好的

作业名162精致空间 创意家装设计

瓷砖作为材料，木地板隔热性太强，会阻碍地暖散热；反之，采用暖气或其他取暖方式的房屋则更适于采用木地板，保暖性好且触感温和。

第二，不建议浴室用木地板，潮湿的环境会使木地板泡水起翘。钢架结构的房子中，木地板的隔音效果要好于瓷砖。

第三，养动物的家庭适合瓷砖，石材地板或者木地板容易渗染，抗污性差，不利于清理。

第四，室外或半室外场景，如半开放阳台，适合石材地板，此类地板的优点是抗风化、抗磨损且不易打滑。

墙面装饰材料

　　在家居空间中，墙常常是人们的视觉焦点所在，墙面装饰材料丰富、色彩搭配相宜，可使整个房间变得绚丽、亮堂；墙面装饰材料素雅，会让整个室内空间显得静谧、平和。可见，墙面装修材料的质感和外观影响整个家装设计的效果。

　　墙面装饰所用的材料大致可分为涂料、裱糊、贴面这三类。

 涂料类

　　在墙面装饰材料中，乳胶漆、艺术涂料、仿岩涂料等涂料类装饰材料优点突出，比如其质感丰富、施工较为简单，且色彩鲜明、可选择性较多。涂料类墙面装饰材料运用在家装设计中，一方面能有效提高室内亮度，另一方面也能起到调节和平衡室内色彩的作用。

裱糊类

裱糊类的墙面装饰材料中，最典型的代表是壁纸和墙布，其色泽丰富，外观精美，一直深受人们的喜爱。拿无纺布壁纸来说，它十分环保，且在透气性、柔韧性等方面优势突出，其纯正的色彩能营造出美好的空间氛围。

PVC（聚氯乙烯）壁纸应用得也很广泛，它吸声、防水性能都比普通壁纸好，且更容易清洁。

纯色壁纸营造清爽素净的卧室空间

贴面类

　　在贴面类墙面装修中，常用的材料包括木材、陶瓷、花岗岩、大理石等，这一类装饰材料品质较高，耐久性强，常常能达到令人眼前一亮的装修效果。

家装妙招

墙面装修的注意事项

　　第一，在进行墙面装修以前，要将毛坯房搁置一段时间，确保墙壁充分晾干，否则，过早施工会导致装修后墙壁出现发霉甚至剥落等现象。

　　第二，使用水漆等材料，施工时应注意通风，粉刷墙壁后，入住前应监测房间内的甲醛含量，避免过早入住而对身体健康造成危害。

　　第三，南方潮湿地区不宜用墙纸装修墙面。

顶面装饰材料

顶面装饰能够在遮蔽屋顶设施（通风、排水管道等）的同时，起到装点和美化房间、隔热保温、降噪隔音的作用。时下流行的不吊顶的设计，多是由于房间高度不足，在自建房等家居设计中，吊顶装修仍然保持着其作为主流装修方案的地位，为绝大多数装修设计者所采用。

 纸面石膏板

纸面石膏板的材料主要是纸板和石膏，具有成本低廉、便于加工、施工方便、隔音、隔热等优点，依据纸面材料的不同，还可分为普通石膏板（适用于客厅、卧室）、防火石膏板（适用于厨房）、防潮防水石膏板（适用于浴室）等类型。

纸面石膏板具有很高的可塑性，可以通过简单的处理和施工，达到多层次的样式效果，美观大方。它与其他材料，如石膏线、筒灯和吊灯结合使用，更易形成色彩和空间上的搭配，从而丰富顶面装修的风格和效果。

美观大方的石膏板吊顶

PVC板

PVC 板是以聚氯乙烯为主要材料合成的装修板材，在顶面装修的材料使用中，因其质量轻、易擦洗、防水防潮、耐污染等特性，被广泛应用于厨房和浴室等装修场景中。

家装妙招

顶面装修的注意事项

第一，注意材料要防火。

第二，材料的颜色选择不宜过重，应以浅于墙壁颜色为准。

第三，在厨房装修时，应先完成吊顶工序之后再安装橱柜。在其他空间环境中，宜先吊顶，再铺地砖，若先铺地砖，吊顶时要以棉被、厚纸板等保护地砖，避免磨损。

门窗与各类辅料

门窗材料主要包括实木、塑钢和铝合金等，其中，断桥铝作为一种铝塑复型材料，比普通的铝合金型材料具有更加优异的性能，因此在家庭装修中得到广泛的认可。

 ## 实木门窗

实木门窗古朴天然，艺术装饰感强，经久耐用，但抗火系数低，受木质材料特性和气候的影响，容易变形。

实木门窗适用于室内装修，如卧室门等。此外，膜压实木门作为实木门的仿品，在保留木材质感和美观的基础上能够节约装修成本。

塑钢门窗

塑钢门窗具有较高的气密性和良好的隔音效果，大多数情况下采用双层玻璃的设计。塑钢门窗因其材质特性，不如木质或其他金属材质的门窗坚固耐用，容易在高强度的使用条件下损坏变形，有一些厂家会在塑钢材料中加入金属来增加门窗强度，弥补塑钢门窗易变形的缺陷，但相应的成本增加会使此类门窗售价较高。

漂亮实用的塑钢窗

铝合金门窗

铝合金门窗种类繁多，在家装结构中最为常见，通常用于外部门窗装修。和塑钢材料的门窗相比，铝合金门窗更加坚固耐用，但传统的铝合金框架结构密闭性较差，由此衍生出一些替代产品，如断桥铝，在改善前者气密性缺陷的基础上，保持了铝合金材质牢固的属性。

此外，钛镁合金、铝镁合金等优化型材料，以其质量轻、抗压性强等特点，被广泛用于室内推拉门（如卫生间推拉门）的制造。

家装误区

对门窗的选购、安装考虑不周

在门窗选购过程中，需要着重考量的不只是厂家品牌、型号、材质等，还有门窗的制造精度和连接工艺。如果门窗制造精度不达标，连接工艺不合格，导致安装间隙大、门窗框与四周的墙体连接处有空隙，那么就是用再好的材料也无济于事。

另外，安装完成后，应及时撕掉门窗上的密封膜，密封膜会与门窗漆料发生反应，损坏门窗表面，也不利于有害气体的释放与挥发。

其他辅料

　　门窗的各类辅料包括推拉门轨道、门吸、风撑等。推拉门又分为单轨推拉门和三轨推拉门，前者运用的是单轨推拉轨道，占用空间较小，在家居装修中经常被运用于厨房、浴室等场所；后者能够有效地分隔、利用空间，经常被运用于阳台、花园等场所。

　　门吸实用性很强，能够保护门。家居装修过程中，普遍应用的门吸材质包括塑料型和不锈钢型。一般情况下，塑料型门吸价格实惠、安装方便，不锈钢型门吸防潮、防腐性能好，且较为美观。

　　风撑能够避免窗户在被用力关上时造成损坏。家居装修时，最好选用性能稳定、灵活度高的不锈钢材质的风撑。

第三章

户型与门厅：家的第一印象

人们在购买新房时，户型是着重考虑的因素之一，想要住得舒适，就要选择贴合自己实际需求的户型。

普通家庭住宅的门厅面积都不会很大，但它是住宅的咽喉地带，有着独特的作用，装修时格外注重这一方空间的设计能大幅度地提升家的整体"颜值"。

丰富多样的户型

　　户型，是房屋内部格局类型的简称。房屋的户型结构是我们在购买房产时最关注的问题之一，后续的装修、设计也必须在户型的基础上进行。近些年来，随着人们的需求变得多元化，住宅户型也变得越来越丰富多样，可按照建筑类型、套型等不同的标准去进行划分。

 按照建筑类型分类

　　按照建筑类型对户型进行分类的方法主要适用于单元式、复式、花园式等住宅形式。不同形式的住宅的建筑结构和需求特点不同，一般来说，一种住宅形式对应一种户型，而不同的户型又具备不同的特点，比如最普遍的单元式住宅，适用于人口密集的城市小区，往往采用平层结构，户型相对紧凑，不同功能的室内空间往往穿插共享；而复式住宅在某个平层位置采取挑空设计，贯通两个楼层，以此达到美观通透的效果，缺点是对平层结构空间的浪费以及供暖负担的增加。

按照套型分类

简单来说，按照套型对户型进行分类的方法是以"厅""室"的数量作为标准的分类法。其中，"室"是指卧室的数量，而"厅"则指客厅的数量，但在实际使用中，根据主人的需要，"室"也可以另作他用，比如打造工作室或书房，"厅"也可以兼做客厅、餐厅。常见的套型类别有二室一厅、三室一厅等。

家装妙招

如何挑选好户型

不论是买房还是自建房，户型的选择都是首要斟酌的内容。一般来说，户型选择的原则有经济、实用、安全、舒适等，在买房或建房前应考虑自身需要及条件，分清主次，结合以下建议有所取舍地做出选择。

首先是户型的大小，如房屋的面积、房间的数量等是否够用；其次是房屋的位置，如朝向、高低等，这些决定了房间的采光效果、温度、湿度和受污染的可能性（空气污染、光污染、噪音污染）；最后还要考虑房间的布局，比如是否干湿分离（卫生间、厨房与卧室是否隔离）、动静分离（客厅与卧室是否相互干扰），是否主次、主客分明（客人入厅能否直接看到主人的卧房或其他隐私），是否通风良好，是否存在污染等。

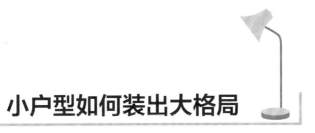

小户型如何装出大格局

装修是一件费心费力的大工程，尤其是小户型的装修，往往要付出更多心思，在注重整体设计的同时还要注意更多的细节的把控。

其实，小小的空间也蕴藏着无穷的潜力，在装修合理、设计得当的情况下，哪怕是小户型，也能成就大格局。

 ## 空间利用：保持通透，弹性延伸

小户型装修，想要打造更为舒适的环境，就要保持流畅的动线，尽量营造一种通透的视觉效果，并采用种种巧思去延伸、扩展空间。

◆ 开放或半开放式的布局

小户型的面积有限，室内各部分的连接与分隔如果太过死板，就会削弱空间的通透性，给人拥挤、压抑的感觉。

开放或半开放式的布局方式会让小户型更显宽敞，我们可以摒弃以往用实体墙进行功能区分的做法，拆除一些不必要的墙体，以增加空间的流动性，达到更好的采光效果。我们还可以巧用玻璃、镂空木质、透明纱帘等材质的隔断去灵活分割空间，在保持功能区的独立性的同时，增加了空间的通透性和层次感。

半开放式的布局，节约空间的同时增加了视觉的通透感

◆ 巧妙设计储物空间

对于小户型而言，唯有做好收纳，才能有效节约空间。因此，小户型储物空间的设计就变得极为重要，具体应遵循以下几个原则：

第一，以最短动线存储，尽量将各功能区所用物品存储于相应空间内，比如清洁用品一律放在卫生间等，方便日常取用，而零零碎碎的杂物或大体积物品则可利用收纳箱、收纳柜或专门开辟出一小块杂物间进行储藏，这样整体空间会显得干净、整洁不少。

第二，多采取内嵌式设计。想要节省空间。不妨在合适的墙面上去安装内嵌式柜体，比如内嵌式电视墙、内嵌式玄关柜、内嵌式衣柜等，在不过多占用房子空间的同时，还能达到很好的储物效果。整齐划一的柜体还令卫生死角大大减少，避免了清洁的麻烦。

整齐划一的柜体，美观大方、便于清洁

家装妙招

内嵌式设计的相关注意事项

第一，在装修之前就要做好规划，在决定进行内嵌式设计的地方提前留出空间。比如，如果打算在厨房里安装内嵌式洗碗机或烤箱，先得决定好购买哪一款洗碗机和烤箱，选定品牌、尺寸后，才能"量体裁衣"，根据具体的数据来做设计。目前市场上一些洗碗机或烤箱的规格各不相同，需要我们仔细对比和计算不同品牌尺寸、容量的参数，保证购买的商品能精准嵌入提前预留的空间内。

第二，内嵌式设计虽然能让空间变得更为整洁美观，比如内嵌式电视、冰箱等，在设计得当的情况下，其能大大提高客厅、厨房的颜值，可是，一旦这些家电发生损坏，维修起来也会比较麻烦，关于这些问题，在进行内嵌式设计前就得考虑清楚。

◆ 弹性扩展空间

小户型空间的扩展是一个"技术活"，既可以向上借用空间，比如在衣柜和天花板之间的空隙处放上几个简洁实用的收纳箱，储存不常用的用品；也可以往下争取更多空间，比如利用床下的空间安装可移动的抽屉柜，用来存放书籍等物品，总之要根据具体的户型去进行相应的设计，弹性扩展空间。

另外，我们也可以采取空间重叠等方式来"延扩"空间，保证家的每一个角落都能发挥出最大的作用。比如客餐厅一体的设计，或者让厨房兼任餐厅的功能，最大限度地利用空间。

色彩搭配：中性调为主，注重和谐

在装修小户型时要格外注意室内的色彩搭配，如果颜色使用不当，或者搭配不讲究方法，就很容易让原本就很狭窄的空间变得更为局促而给人带来压抑、沉重、闭塞之感。

装修小户型时，宜采用浅灰色、浅黄色、米白色等中性调作为背景色，能从视觉上延展空间，给人带来清新开朗、舒适宁静的心理感受。为了带来更和谐的视觉效果，可在大面积使用中性调、冷色调的基础上，采用暖色调点缀其间，为整个家居环境增添几抹亮色。

以中性调作为背景色，采用暖色调点缀其间

 ## 家具选择：简约、轻质、可调节

　　双开门冰箱、超大的定制衣柜、实木双人床……大件家具、家电虽然会给生活带来很多便利，却并不适宜于小户型，原本空间就不够，再被大件家具和家电塞得满满当当，日常活动、休闲都成了困难。小户型最好选择那些造型小巧、线条简约、占地面积较小且较为轻质的家具，这会使得整个居室空间显得清爽、开阔、利落不少。

小户型还可选择可调节的家具，比如带滑轮的收纳柜，可折叠的餐桌、座椅，可用来收纳或可变身为床的多功能沙发等，这一类的家具实用性强，能有效优化及美化家居环境。

 ## 室内照明：有主有次，实用至上

小户型的布光要避免使用单一光源，应当有主有次，交叉使用。比如，将吸顶灯作为主光源的基础上，交叉或组合使用射灯、台灯、落地灯等，用错落的光源来营造空间的层次感。

在灯具的选择上，不宜选择造型过于复杂或笨重庞大的灯具，应当更注重灯具的功能性，以简洁实用为主。如果层高较低，那么可在卧室、客厅上方安装嵌入式的筒灯或灯带，以减少视觉上的压迫感。

家装误区

小户型的装修误区

误区一：随便拆除承重墙。小户型虽然可以通过拆除墙体的方式去合并空间，但一定要在专业人士的指导下进行改装，千万不可随意拆除承重墙、支撑楼板的顶梁，以及连接阳台的砌墙等。

误区二：小户型的电路布置不周全，太凑合马虎。小户型虽然空间较小，但只要设计得当，也能让你住得舒心。其装修的重点在于强弱电的布置一定要充分考虑到居住时的各种需求，在合适的地方预留足够多的接口。另外，最好留好电路设计的图纸，并标明尺寸，方便在之后装修的过程中随时查看。

误区三：装饰太过复杂。小户型的地面装饰最好使用同一种材料，以寻求视觉上的和谐舒适感。另外，吊顶不能做得太华丽、太复杂，这会给人带来压抑感。

门厅的功能与装修

门厅是一个家庭的门面，作为进入家门的缓冲地带，门厅在整个家居空间中占据着不可替代的作用。因此，很多人在装修家居空间时总是格外重视门厅的设计与装饰。

 ## 门厅的功能

别看门厅的活动空间比较小，只要合理布局、科学规划，它就能发挥出让你意想不到的效果。

◆ 缓冲心情，保护隐私

门厅是家人或客人出入的过渡空间，也让忙累一天回到家中的你有了心情的缓冲空间。它阻隔了屋外的喧嚣吵闹，轻轻关上家门，这一刻，你卸下了一身疲惫，可以安心享受家的宁静与温馨。

此外，门厅有效隔离了客厅、卧室，在营造一定的视觉过渡效果的同时保障了居住空间的私密性和其他家庭成员户内行为的隐蔽性。如果省掉门厅，客人来访时，一打开大门便对客厅或其他功能厅一览无遗，这可能会给客人或居住者带来一些困扰。

◆ 迎客、收纳，实用功能强

好的门厅设计，能形成一个完整独立、实用性极强的空间。当主人将宾客迎至家中时，精致美观的门厅能给客人带来良好的第一印象，也方便客人在门厅换鞋、脱下外套、利用门厅镜整理仪容等。

在门厅安置一些收纳的功能区，比如鞋柜、衣柜，或用来收放雨伞、钥匙、背包、消毒湿巾、宠物牵引绳、快递等物件的平台，可以使整个空间更整洁、有序、美观、实用。

◆ 巧妙装饰，凸显家居质感

如果我们精心规划、巧妙装饰，门厅也可变成一个颇具仪式感的空间，氛围满满，能大大提升整个家居空间的质感。需要注意的是，门厅的装饰无须太过浮夸，只要简洁利落、别具特色，便能彰显主人一流的审美水准和生活品位，从而给宾客留下最深刻的印象。

家装误区

分不清门厅与玄关

玄关发挥着传统中式庭院或居室中"影壁""照壁"的

作用，古人为了在室内室外营造视觉障碍，会设置一道"影壁""照壁"以形成过渡空间。后来，随着时间流逝，"影壁""照壁"慢慢演变成了现代的玄关。一般情况下，玄关指的是大厅的外门或建筑的正式进出口。

　　所谓门厅，指的是"进门大厅"，门厅和玄关虽然概念相近，却也不能混为一谈。具体而言，玄关的面积比门厅小，一般只能起到隔断等作用，而门厅的使用功能则大得多。当然，现实生活中，很多人会将门厅等同于玄关，认为它们指的都是从室外进入室内的过渡空间。

门厅的装修

　　门厅的装修与设计远比我们想象得重要，我们可以将门厅的装修风格视为整体装修风格的缩影，也可将其看作画龙点睛的一个空间。

◆ 几种常见的门厅装修类型

　　门厅装修应与住宅户型和整体的装修风格相契合，给人和谐统一的感觉。常见的门厅装修类型有独立式门厅、长廊式门厅、虚拟式门厅等。

　　以独立式门厅为例，其私密性更强，一般情况下有着更大的面积，因此也承担着更多的功能。比如，我们可以在门厅里放上舒适、合适的坐具或休闲娱乐用品，从而开辟出"第二客厅"。

中式古典装修风格的住宅往往会开辟出独立式门厅，兼具现代和传统韵味，极具美感的同时又保有十足的私密性。

古韵满满又极具私密性的中式门厅设计

长廊式门厅也被称为通道式门厅，我们在装修的时候要兼顾其实用性和美观性，比如利用嵌入式玄关柜和卡座式壁柜来满足家庭收纳需求，或在墙面上下功夫，挂上美丽的油画、设置独特的照片墙或利用其他装饰品、工艺品去增添质感和美观度。

面积较小的房型经常会采用虚拟式门厅，也就是说，这部分区域本身是不存在的，需要从其他空间中分割出一部分来充作门厅。

门厅处设收纳柜，利用绿植和工艺品增添美感

◆ 门厅装修的注意事项

第一，门厅的墙面最好采用干净、偏暖的色调，暖色调能营造一种温馨、柔和的氛围，从而快速稳定人的情绪，放松人的心情。当然，具体装修的时候，也要参考居室整体装修风格选择相应色调。

第二，选择门厅地面材料的时候，最好选择那些耐磨、防滑、容易清洗同时不乏装饰功能的材料。比如与客厅颜色不一样的瓷砖、木地板等，为了强调门厅的位置，你也可以在已经装修好的门厅地面上放置一块精致美观又很耐脏的地毯，提升家居质感。

第三，门厅的采光不能太暗，否则会给人阴暗压抑之感。在缺少室外自然光的情况下，可以在室内灯光上多动脑筋。比如安装明亮的、颇具层次感的射灯，光线柔和的吸顶灯，或在两边墙面上安装造型独特、极具创意的壁灯等。

隔断的妙用

在家庭装修中，隔断是很常见的，它能够发挥各式各样的作用。可以说，隔断是对室内空间的一次"再解构"，从而满足人们不同的居住需求。

室内隔断的作用

隔断的应用范围很广，无论是客厅、卧室还是卫生间等都可以使用各种各样的隔断。如果你对房子的格局不太满意，巧用隔断，就能"化腐朽为神奇"，达到室内空间连而有序的效果。

◆ 提高室内空间的利用率

室内隔断可以灵活分隔空间、组合空间，最大限度地发挥卧室、客厅、书房等各功能区的作用，提高空间利用率。比如，如果房子户型偏小，就可以利用隔断去节约空间，提升居住体验。

如果卧室或客厅太大，也可以巧妙利用不同材质、形式的隔断去分隔出新的功能区，增加空间的多样性，给人们带来新奇的空间感受。

◆ 营造更好的居住环境

开阔的客厅空间虽然能带来很好的视觉体验，但也可能带来一览无遗的尴尬。而利用精美别致的隔断则能制造一定的视线障碍，既能保护家人隐私，也能起到美化客厅的作用。

另外，巧用隔断还能起到阻绝灰尘、保温、提升安全感、帮助提升居住体验的作用。

几种常见的家装隔断

隔断的种类有很多，按照空间隔断方式来划分，常见的有屏风、布帘、玻璃、玄关柜、家具、软装等，不同的隔断方式又有不同的适用材质和功能。在家装设计中，房主可根据各自的特点，结合家居空间的实际需要使用隔断。

◆ 屏风隔断

屏风隔断会在视觉上切断空间之间的联系，这种特点可以使屏风隔断为家居生活营造出一个相对私密的氛围，而又不会将一整个室内空间的所有联系全部切断，从而保持了空间的整体性。

镂空屏风隔断在保证光线和空气流通的同时，营造私密氛围

◆ 布帘隔断

布帘隔断是织物隔断的一种，即通过类似挂窗帘的方式，在室内悬挂不同尺寸、材质和形态的悬挂物，从而起到一定的视觉隔离及装饰效果。

布帘隔断广泛应用于紧凑户型，由于室内空间较小，不宜再加置影响通风和室内活动的硬物隔断，因而适宜采取风格多样、悬挂方便的织物悬挂隔断方式。除布帘隔断之外，任何可以悬挂的软织物都可以作为替代品，起到烘托家居氛围、阻隔视线或光线的效果。

◆ 玻璃隔断

　　玻璃具有保暖、防水、防潮、防霉的特点。玻璃隔断一方面保证了室内空间的采光，另一方面，在保留视觉通透效果、延伸视觉空间感的基础上，也能够兼顾美感，辅以各种边框和图案，能够为室内空间营造出很强的感官效果。

　　采用玻璃隔断应优先考虑实际需要，在此基础上考虑装饰效果，因此，玻璃隔断广泛应用于卫生间、厨房等场景，一方面延展了空

拥有极强的视觉通透效果的玻璃隔断，能极大地美化空间

间，另一方面起到隔离油烟和水汽的效果。此外，玻璃隔断也可用于卧室或客厅，用于卧室的玻璃隔断有的位于床和办公桌之间，有的位于阳台，用于客厅的玻璃隔断则更多地为了美观。

◆ 玄关柜隔断

玄关位于客厅入口，一般来说，玄关位置可能设有鞋架、衣帽架等，玄关柜本质上相当于将这些功能模块与屏风结合，这样既节省了上述模块的占用空间，又起到了隔绝外部视线的效果。

玄关柜具有非常实用的收纳功能，用于收纳鞋子、外套和雨伞、钥匙等零碎物品，在遮挡外部视线方面，玄关柜的布置讲究通而不透，尺寸一般不小于正门，也不宜过大。

◆ 家具、软装隔断

采用家具隔断的方式也是比较普遍的。一方面，家具本身的功能能够得以保留，另一方面，将家具对空间的占用体积转化成隔断效果，也是一举两得的布置。家具隔断一般用于客厅的空间分割。软装隔断的主要功能集中在外观和视觉效果上，形式多样，一般采用半通透设计，常见的有竹帘、塑料制品等。

家装妙招

设计隔断应注意的问题

隔断设置首先应考虑实用性，其次考虑适用性，再次考虑美观。

实用性：隔断是否实用，主要是探讨哪些位置需要隔断，哪些位置不需要隔断。一般来说，特殊的空间如厨卫等需要隔断，空间过于狭长或"一览无余"的需要隔断，这都是结合隔断的基本功能决定的。

适用性：不同种类的隔断适用于不同的家居场合。阳台的隔断一般是推拉门，玄关的隔断有屏风、玄关柜等，客餐厅一般用隔断柜或推拉门，客厅区块有的用家具和软装，有的用屏风，紧凑一体的客卧可以用织物或垂帘等。

美观：以家具作为隔断的情况下，家具应贴墙放置；发挥隔断的作用的家具，应以浅色为主，颜色不宜过深，且应与空间中的主色调相搭配。

第四章

客厅：家的颜值担当

客厅连接着厨房、餐厅、卧室、阳台等空间，既是家的交通枢纽、门面担当，又是休闲娱乐、会客聊天、与家人谈心的重要场所。

客厅装修设计的重要性不言而喻，无论是饰品选购，还是家具搭配、灯光照明等，都值得我们花费更多时间和精力。

客厅陈设，会客休闲两相宜

　　在室内陈设设计中，客厅是最为重要的设计空间之一。客厅又可称为起居室，既可用于会友待客，又是平日最佳的休闲场所，使用率极高。风格各异的客厅陈设设计能恰当地展示居住者的喜好、品位与审美倾向，给人耳目一新的感受。

　　好的客厅陈设方案能让我们的家焕然一新，给我们带来意想不到的惊喜。而"无效陈设"则会加重空间的拥挤感、累赘感，我们需要极力避免。

 ## 客厅陈设分类指南

　　客厅的陈设多种多样，主要的品类包括织物、家具、灯具、艺术装饰等，这些内容的选择和搭配，既决定了客厅的主题和艺术风格，也体现了主人的审美和品位。

◆ 织物

用于客厅装饰的织物主要包括窗帘、地毯、桌布、沙发垫等，搭配要素有材料（如棉麻、皮革、丝绸、涤纶）、图案、色彩等。

在客厅陈设中，软织物可以营造出温馨、明艳的氛围，通过色彩对比，形成各种各样的环境风格。比如，在布艺沙发上覆盖浅色的沙发罩，配合棉麻或草编织品，可营造出相对简洁朴素的风格，而对于中式座椅和沙发，需要体现家具本身的美感（如木质纹理和花纹雕刻），则不宜覆盖大面积的织物。

浅灰色的布艺沙发搭配棉麻薄毯，简洁朴素

◆ 家具和灯具

家具种类繁多，具有最基本的实用功能和装饰作用，因而不可或缺。主要的客厅家具有沙发、茶几、电视柜等；次要的客厅家具有衣架、收纳柜、桌椅等。

客厅的灯具作为必不可少的陈设，其形式、品类、大小等不同，对客厅整体风格的形成起到很大的决定作用。客厅的灯具主要有吊灯、吸顶灯、射灯和壁灯等。

◆ 艺术品

用于客厅摆设的艺术品主要起点缀作用，目的是衬托客厅的整体风格，体现主人个性风格，如墙壁挂画、瓷器等。可以说艺术品的艺术属性在彰显主人的审美和艺术品位方面，有着画龙点睛的作用。

风格简洁的挂画、瓷器摆件彰显住宅主人独特的品位

◆ 装饰品

客厅内的装饰品对主人的爱好、个性等体现得更为明显，其总的来说分为两类。一类是纯装饰性的物品，如贴纸、挂饰、摆件等；另一类是兼具装饰和实用功能的物品，如挂钟、玩具等。装饰品在家具陈设中属于非必需品，要有合适的摆放位置才能起到正面的装点效果。

◆ 其他陈设

客厅内的其他陈设主要包括实用物品，如电视、空调、绿植、茶具以及各种实用器材等。在整体风格上，这一类陈设品不容易与客厅的整体风格达到统一，但仍须考虑这些物件的摆放问题，应避免杂乱无序的摆放，一般采取有主有次、有明有暗的摆放方式，比如热衷于音乐的主人可以在客厅的角落里放置一架钢琴。

家装误区

选购家居饰品时的常见误区

误区一：盲目追逐视觉效果，忽视不合格的家居饰品对身体健康的影响。现代居室装修中，一些色彩绚丽、表面涂漆的装饰品往往含有对人体健康危害很大的甲醛、苯系物等有害物质，我们在选购家居饰品的时候要分外小心，不要只是追求表面的美丽，而要仔细查验其出厂合格证明，留心其所使用的材料是否安全环保。

另外，过分绚丽的色彩还可能带来色彩污染和光污染。不妨选用一些既具有不错的视觉效果，又具备一定实用性的装饰品。

误区二：购买家居饰品的时候，容易心血来潮，喜欢什么便统统拿下，而不仔细考虑是否有足够的摆放空间。

装饰品、艺术品的造型再美、价值再高，也需要合适的摆放空间，位置摆对了，才能淋漓尽致地凸显其独特的美。如果家里空间并没有那么大，就要考虑放弃一些笨重的、占地面积过大的装饰品。要知道家始终是给人居住的，在过于拥挤的空间里，装饰品不仅无法发挥自身的装饰效果，而且会对日常生活的便利产生影响。

 ## 打造迷人的会客区

客厅常常被用来迎友会客，高明的客厅陈设设计往往能在有效节约空间的同时增添环境的趣味性。利用灵动流畅的客厅摆设打造迷人的会客厅，能彰显主人的生活情趣，并给客人留下深刻的印象。

比如，精美的屏风、纱幔能给人带来雅致柔美的视觉感受，掩盖空间形态上的不足。更关键的是，无论是客厅面积较小还是过于空旷，都可采用镂空屏风、半透明的纱幔去分割出一个会客区，为宾主的会谈提供更轻松、舒适、私密的环境。

不规则形状的地毯和时尚新颖的挂画令整个空间更灵动别致

而图案新颖的地毯、造型别致的雕塑亦能起到隔断作用。不同元素之间的搭配、碰撞有着明显的装饰效果，使得原本单调的空间立马变得生动起来，给家居增添不一样的魅力。

想要营造气氛轻松、迷人的会客区，还可在家具搭配上多下功夫，尤其应注重选择更为舒适美观的沙发。沙发选得好，整个客厅的质感都会提升一个等级，客人坐得舒服，交谈时也会越发放松、惬意。另外，在一些观赏性的摆设或待客茶具、杯具上也可以多花点心思，不要求有多名贵高档，确保实用雅致便能给客人留下不错的印象。

值得一提的是，将大小不同、高低各异的陈设品独具匠心地摆放在一起，能有效丰富室内空间的层次感，创造一个更具活力的家居空间。

 ## 打造令人心动的休闲区

"温馨明亮、温暖舒适"是大部分人对于家的最初想象，所以人们常会用颜色亮丽、造型各异的饰物、工艺品去装点家居空间，一扫空间的单调和沉闷感。利用不同的陈设组合和摆放方式，可以在客厅内打造出完美的家庭休闲区。

比如，放弃在客厅"C位"放置电视机的传统做法，直接将客厅中心变成休闲区，如此一来，整个空间会大很多，视野也会开阔起来。

在开放或半开放式客厅里，我们可以安装一台质量不错的投影仪，将这方空间改造成一个小小的家庭影院，方便夜晚或周末的时候家人们聚在一起，坐在沙发上其乐融融地看电影。我们也可以把原先的电视背景墙打造成整墙的书柜，营造更好的阅读氛围，这样既能省下一个书房的空间，还能有效提高家装的格调。

我们还可以在客厅里打造一个亲子活动区，在地板上铺上柔软舒适的地毯，再放置几个软垫，方便孩子读书、画画和玩耍。

用投影仪取代电视机，打造独特的家庭影院

家装妙招

客厅陈设需要注意的相关事项

我们在设计客厅陈设方案、为客厅选择陈设品的时候，一定要注意陈设品的风格与整个家居空间的风格相协调。

比如，如果家装设计风格为中式古典风格，那么在挑选客厅陈设品时，可选择古色古香的木质镂空屏风、宫灯、水墨画、茶具等，营造悠然娴雅、安宁静谧的气氛。如果家装设计风格为北欧风格，则可以选用线条干净的沙发、茶几、极简风格的挂画、有设计感的小物件等来装饰客厅，营造简单质朴、温暖舒适的气氛。

除了要考虑陈设品的造型、风格外，还要考虑其颜色，只有选择与客厅主色调、背景墙颜色一致的家具、饰物、工艺品等，才能营造和谐统一的视觉效果。同时，客厅陈设品的色彩能起到点缀和互补的作用，色彩绚丽的陈设品，能有效提亮空间，提高家居质感。

家具搭配，能美化，巧收纳

家具是客厅布置的关键，家具的数量、大小、造型、颜色等诸多因素都能对客厅的整体布局及装饰风格产生影响。

完美的家具搭配方案既能提升客厅的收纳功能，又能美化整体的家居环境，显著提升家居格调。

 家具怎样布置、搭配才好看

在客厅的软装设计中，家具的布置与搭配若遵循一定的原则，便能带来一种美观、整洁、舒畅的视觉感受，起到真正美化空间的效果。

◆ 疏密均匀，突出对称性

客厅家具的布置与摆放一定要讲究均衡感和整体性，疏密均匀。如果客厅中大大小小的家具毫无章法、拥挤地摆放在一起，就显得空间越发狭窄，严重阻碍动线的流畅性。

如果客厅较大，家具较多，类别较杂，为了营造更为舒适的视觉体验，可以以某件家具（如沙发、电视或餐桌等）为核心，采用对称摆法，在空间上形成一种微妙的平衡感。

以茶几为中心的对称摆法，形成视觉上的平衡感

◆ 主次分明，彼此呼应

现今，普通人家的客厅往往承担着多种功能，根据不同功能可分为会客区、家庭聚谈区、休闲娱乐区和就餐区等。客厅的家具布置要有重点，可以用代表性家具来形成主次分明而又各具特色的空间布局。

会客区往往和家庭聚谈区、休闲娱乐区融为一体，一般以沙发、茶几、地毯、电视柜、背景墙、灯具等围合而成，为了强化这一功能区的特色，可用一两件质感高级、风格独特的家具起画龙点睛的作用。就餐区一般由餐桌、座椅、嵌入式收纳柜等围合而成，在整体空间和谐的基础上，可用餐桌来强化中心感。

另外，客厅家具可能有着多种多样的造型和颜色，一定要注意家具与家具之间及家具与整体空间之间的呼应。比如，沙发上的抱枕和背景墙采用同一个颜色，灯具和茶几都是简洁的造型，等等，这样一来，家具之间的搭配会格外顺畅、自然。

薄毯、茶几上的物品、挂画里的鹿、吊灯的颜色彼此呼应

◆ 和谐统一，兼顾多样性

我们精心地布置与搭配客厅家具，是为了营造和谐统一的家居氛围，因此要格外注重家具的尺寸、款式、风格等因素。比如，家具的尺寸要根据其自身的实用功能及客厅的面积来定，太大或太小都会破坏整体的和谐统一。同时，要注意家具与家具之间是否能顺利地配套

使用，高低、大小比例是否得当，比如沙发、茶几和电视柜，如果大小比例不当，使用起来就格外别扭。

　　家具的材质、款式、颜色、风格等都要与客厅整体的装饰风格相协调，不要在有限的空间内胡乱堆砌各种风格的家具、饰品。当然，这并不意味着我们一定要用同一个颜色、同一个品牌的家具去装饰家居空间，为了避免视觉疲劳，我们也可以将不同颜色、款式的家具有机地组合在一起，在塑造和谐观感的同时突出家居风格的多样性。

◆　搭配合理，注重流动性

　　为了增强日常生活的便利性，有些家具一定会搭配在一起使用，比如餐桌和座椅，沙发和茶几或边几；而有些家具则没必要摆放在一

有序搭配，曲线流畅

起，比如长长的落地灯和占地面积较大的花架或者两种不同风格的陈设品，否则只会使得空间更为狭小，亦增添了视觉累赘感。

为了营造空间的流动感，可以将大小不一、高度不同的家具有序排列组合在一起，形成和谐的曲线。

家装妙招

客厅中沙发摆放的常见方法

客厅中，沙发总是很吸睛，不同风格的沙发能营造不同的生活空间。我们可以根据自己的喜好去设计自家客厅沙发的摆放方案。

长方形的客厅通常连接着厨房、餐厅和阳台，一般会选择L型转角沙发、多人沙发、多人沙发＋单人椅（单人沙发）的摆放方案。L型转角沙发和多人沙发实用方便、整洁美观，而在客厅面积较大的情况下可采取多人沙发加单人椅（单人沙发）的摆放方案，既能增加空间的紧凑感，满足会客需要，也能保证几大功能区间的无障碍通行。

宽敞的正方形客厅可采用L型转角沙发＋单人椅（单人沙发）或多人沙发＋双人沙发等摆放方案，视觉上会显得更舒适、饱满、大气。

客厅家具的收纳法则

　　客厅是很多人日常居家活动的中心，因此也存放着很多公共物品和杂物。如果我们不注意收纳和清扫，再大的客厅也会变得杂乱拥挤。

　　相比卧室而言，客厅需要更多的收纳空间。想要巧妙收纳客厅杂物，就得发挥多功能家具的收纳功能，还客厅一个整洁、明亮而又清新的面貌。

◆ 利用储物柜进行收纳

　　有的人喜欢在客厅看书，有的人会带着孩子在客厅玩游戏、堆积木，有的人喜欢一边看电视一边吃零食，等等，如果没有在客厅做好

整墙的收纳柜能有序存放各种家居物品

存储收纳，就需要在各个房间来回走动拿取相应的物品，不方便不说，还可能打扰其他家人。其实，利用储物柜就能完美地解决这些问题，实用又方便。

为了让客厅看起来更加整洁，整墙的储物柜是很好的选择，它甚至能满足全屋收纳，无论是平日喜欢看的杂志、书籍，喜爱的零食、茶具，孩子的玩具、画笔，宠物的口粮、零食，老人的相册、收藏的老物件等，都可以收纳其中，十分节约空间。

半开放式的电视收纳墙既能美化空间，也能发挥强大的收纳功能，或者利用造型简洁、随性大方的电视柜来收纳杂物，充分利用每一寸空间。

为了方便日常生活，也可以在客厅的各个角落安排一些小而轻便、自带滑轮的矮柜，用来装一些小物品。比如，在沙发旁边放置一

沙发旁的小型储物柜可存放书籍等物品

个装遥控器、零食或其他物品的抽屉柜，或者，也可以在客厅里放置一两个造型别致的收纳凳，用来收纳一些不常用的物品。

很多人家的客厅之中包含餐厅，这种情况下，就可以对餐桌旁边的墙面进行嵌入式餐柜的设计。餐柜里除了放置杯碟、托盘、饮品、纸巾等平时就餐用品外，还可以放置部分厨房用品，比如保鲜袋、煎蛋锅、奶锅、咖啡机等，能大大减轻厨房的收纳压力。

◆ 利用多功能沙发、茶几等进行收纳

有些品牌的沙发带有储物功能，它们外表看起来平平无奇，其实暗含玄机。比如，有些沙发底部被巧妙安置了几个抽屉，可以收纳抱枕、毛毯等用品；有些沙发好比神奇的"变形金刚"，经过一番扭转、

收纳功能强大的多功能沙发

组合便成了一张全新的沙发床；有些沙发自带内嵌式茶几，茶几上面可以放置水杯，内部可以储存平时常用的小物品，一举两得……如果居室空间较小，我们在挑选客厅家具的时候可以多关注这一类沙发的信息，利用多功能沙发来整洁空间。

　　茶几在客厅中也充当着重要的角色，我们在挑选茶几的时候，除了要注重其颜值，更要考虑其实用功能，很多多功能茶几都能帮助解决客厅收纳的难题。比如，有的茶几内部被做成了几个抽屉，可以分门别类地摆放一些生活用品；有的茶几台面可延展、上升，变身为小的办公桌，下方空间仍可用来摆放或收纳杂物，我们可以一边喝茶、吃东西，一边在此阅读、办公，并和家人闲谈交流。总之，我们要根据自家客厅的空间大小和各自的生活习惯去挑选更适合的茶几。

抽屉式茶几能有效储藏各类物品

灯光照明的秘密

　　装修新家的时候，无论是灯光设计、照明程度还是灯饰选择等都是我们应用心思考的事情。灯具不同的亮度、照明面积、色温、摆放位置，包括不同光源组合在一起，都能产生不同的照明效果。

　　有些灯光使我们心情平静，有些灯光使我们感到温馨浪漫，充满暖意，不同的居室环境可采用不同的照明方式。

 ## 室内常用的照明方式

　　居室空间的照明首先应遵循安全、舒适的原则，在此基础上，可进一步追求对空间形态、光影效果的表达。

　　室内照明方式主要有直接照明、半直接照明、间接照明、半间接照明和漫射照明等。按照使用场景划分，可以分为一般照明场景、局部照明场景和混合照明场景等。

◆ 直接照明

直接照明是灯具与照明环境直接接触的一种照明方式，对光源的利用率最高，具有明亮、清晰等特点。由于光源与被照明对象呈直接接触状态，因而这种照明环境不适合直接作用于人体，长时间暴露在质量较差的直接照明光源下，会产生眩光、刺目、伤眼等后果。

由于直接照明亮度较高，多光源之间易形成较为分明的界限效果，适合用于光影制造以及处理不同形态特点的空间，比如电视墙和射灯等。

◆ 半直接照明

半直接照明可以理解为在直接照明的光源上加置灯罩。这种照明方式可以为灯光附加颜色，增加灯光质感，还可以在一定程度上柔化光源对人眼的刺激。半直接照明在室内照明的运用最为普遍，比如我们常见的吊灯、吸顶灯等，都属于半直接照明方式。

◆ 间接照明

间接照明是指灯光经天花板、墙壁等反射并最终与照明环境相接触的照明方式。与半直接照明不同的是，间接照明的灯罩往往安装在灯泡下方，力求避免光源对照明环境的直射或半直射。间接照明还广泛运用在灯槽等设计上，具有光量小、光线柔和但亮度较弱等特点。

客厅灯光布局与灯具选择的秘诀

客厅灯光布局设计与灯具选择，需要结合空间结构、大小、个人喜好等因素而定。而好的灯光设计能够起到烘托、渲染美好气氛的作用，大大提升我们对于日常生活的幸福感和满足感。

◆ 客厅灯光布局

美好精致的生活源于家的每一处精心设计、每一个令人惊艳的点缀，而客厅的灯光设计尤其重要。

以中式吊灯作为主照明，以台灯或筒灯作为辅助照明

　　一般来说，客厅的灯光布局设计应有主次之分，这样才能打造灯光的层次感，烘托不同的家居氛围。客厅主照明多以温暖明亮的黄色光为主，照明工具多采用吊灯或吸顶灯。辅助照明工具有落地灯、壁灯、台灯、射灯等。打开客厅的主照明，用台灯或灯带进行辅助照明，能营造出温馨浪漫的氛围，而且灯带发出的光源也能起到从视觉上抬高天花板的效果。

　　如果客厅的面积相对较大，针对不同的空间需要，可以将照明区域划分为重点照明和辅助照明两个区域。重点照明区域可以布置台灯或壁灯，而辅助照明区域，如电视墙、过道等，可以通过射灯或灯带进行布置。

　　餐厅照明多以局部照明为主，在实现用餐需求的前提下，可相应加入烘托氛围的局部灯光，为用餐环境增加情趣。

采用吊灯、落地灯等进行辅助照明

◆ 客厅灯具的选择

总体而言，好的灯具应具备亮度合适、均匀，没有频闪，不刺眼等特点。要想挑选出最适合自家客厅的灯具，具体需要考虑以下几点：

第一，根据灯具不同的特点和个人喜好或客厅实际情况来选择灯具。拿吊灯和吸顶灯来说，吊灯造型多样，典雅大气，但价格相对昂贵，不易打理（尤其是灯罩朝上的吊灯），且对室内空间高度有一定要求；市场上大多数的吸顶灯造型简洁大方，使用方便，几乎不需要打理，而且价格普遍更为便宜，但风格也偏单调。

如果你拥有一个层高足够而又宽敞明亮的客厅，则可以选择外观精致新颖、风格各异的吊灯，用温暖明亮的光线去缓解空间过大的空旷感。如果你家客厅较小，则可以选择外形简约的吸顶灯。

第二，结合家居装修风格来选择灯具。欧式风格的住宅适合在客厅里安装华丽精美的吊灯、水晶灯；古典中式装修风格的客厅则可以选择方圆造型的中式吊灯或缀有流苏的宫灯；现代风格的客厅则可以选择线条简约大方、造型别致、现代感强的灯具；等等。

第三，根据各功能区不同的使用需求来选择灯具。客厅不同区域按照不同的使用需求可安装不同的灯具，比如在电视墙、背景墙、沙发上方安装几个筒灯、射灯，既可用于局部照明，也可充作氛围灯，能起到非常好的烘托气氛的效果。或在沙发一侧安装一盏摇臂灯，或放置一台落地灯，方便躺在沙发上阅读书籍。

家装误区

客厅灯光设计中常见的问题

问题一：将亮丽的颜色、精美的造型作为挑选灯具的唯一标准。选择家庭灯具不能只考虑灯饰的美观性，还要综合考虑其安全性、实用性。因此，在购置灯具前，一定要查看其 3C 证明，保证产品合格。

问题二：客厅采用多种款式、风格的灯具，色彩杂乱。如果客厅只使用一盏主灯，色彩过于单调，将多种灯具组合使用就方便实用很多。需要注意的是，客厅灯具应遵循暖色调为主，冷色调为辅的原则，而不能五颜六色地胡乱搭配。灯具的款式、风格相近，才能营造和谐的家居氛围。

用绿植打造自然之家

如何让你的舒适小窝活力满满、遍布生机？不妨将绿色元素点缀在合适的角落，当那一抹抹绿意映入眼帘的时候，心情也会不自觉地舒畅起来。拿客厅来说，客厅空间通常开放连通，当绿色植物与周围

绿植与周围的环境相映成趣，生机盎然

的环境相映成趣时，整个空间都变得充实饱满、清新自然。

适合摆放在客厅的绿植，最常见的莫过于小型盆栽，其既不遮挡视线，还能净化空气，并给居家环境增添温馨气氛。比如，在置物架、电视柜、茶几等处摆放一盆长势良好的绿萝，那盎然的绿意如微风拂过心间，沁人心脾，哪怕在炎热的夏季，也能让人感到心境清凉。

除了绿萝，虎皮兰、君子兰、龟背竹、发财树等盆栽植物无不彰显了一股蓬勃的生命力，也都获得了人们的青睐。

适合摆放在客厅的，还包括大中型的常青绿植。拿琴叶榕来说，很多人将其放置在客厅沙发的旁边，当它长到一定高度的时候，硕大的叶片散开宛如一把把精致的小提琴，极具观赏价值。

中大型的常青绿植打造清新宜人的客厅空间

优雅美丽的散尾葵也是很多年轻人用来打造自然之家的不二选择。这种植物身姿纤长，当微风拂过叶片，恍惚间，仿佛一位羞涩的少女微微牵动裙摆，在向你低头问好。

垂叶榕树冠盛开如伞，枝叶微微下垂，树形很是耐看，青翠的绿色给居室增添了自然气息，深受人们喜爱。

有些年轻人觉得绿植养护起来比较麻烦，于是在居家装饰上巧用心思，将绿植元素植入其中，反而给人一种扑面而来的清新感。

比如，使用绿植壁纸或挂画来营造森系风，令整个空间越发生动、明亮。或运用植物印花的挂画、沙发抱枕打造野趣满满的居家氛围，让人赏心悦目，身处这样的环境中，我们的心情也变得越发轻松愉悦起来。

植物挂画与绿色的沙发相互配合，映衬着白墙，清新自然

家装妙招

客厅植物的养护技巧

绿萝。绿萝喜欢半阴的环境，如果放在阳光下暴晒就会损伤其生命力。可将其放置于客厅明亮通风处，合理浇水，保持其盆土湿润。另外，绿萝对盆土的透气性要求较高，需合理配置土壤，合理施肥。

龟背竹。寒冷的环境不利于龟背竹的生长，而温暖湿润的环境则有利于其长势。浇水时要注意其土壤的排水性，出现积水的情况要及时更换适合的土壤，否则容易出现烂根的情况。

琴叶榕。不宜将琴叶榕放置于潮湿阴暗、通风不良的环境，而要将其放置在客厅里光照充足之处，但也要注意避开阳光直照，尤其是盛夏的时候。给琴叶榕浇水的频率可略高一点，但也要注意避免积水。

垂叶榕。垂叶榕喜欢高温、湿度高的环境，在其生长旺盛期应时常浇水，令其土壤湿润，才能保证其叶片始终闪烁健康的光泽。垂叶榕的生命力很强，我们可以依据自己的喜好对其叶片进行修剪。

第五章

卧室：享受自在私密生活

　　所谓的幸福，就是拥有一方舒适自在的天地，用以安放我们所有不安定的情绪，令我们一整天的奔波忙碌、疲倦辛苦得以消散与安抚。这方私密空间完全属于我们自己，它非卧室莫属。

　　不妨将卧室装扮成我们心目中最美好的样子，在那温馨的氛围中获得最高的满足感与安全感，享受自在浪漫的生活。

温馨宜居的墙面装饰

墙面装饰能起到美化空间、烘托气氛、彰显居住者的不同审美需求和欣赏习惯的作用。被精心装扮、修饰过的卧室墙面，会赋予卧室空间别样的氛围，令整间卧室更具光彩和魅力。

 卧室墙面设计要点

卧室的墙面设计，既要展现居住者的个人品位，又要符合一定的设计原则。一般而言，我们要注意以下几个设计要点：

第一，注重私密与宁静。在家居空间中，卧室是最具私密性的空间之一。它也是独属于我们的空间，其安适宁静的氛围能帮助我们卸下一身的疲惫，抚慰我们紧张的情绪，令我们进入香甜的梦乡。

为了保障卧室的私密性，保证这一方天地不受其他空间的打扰，其墙面所运用的装饰材料首先要注重隔音效果，比如采用木质吸音板等，其次，最好不要使用透明玻璃、毛玻璃、不锈钢等材料。

第二，综合考虑各种因素。我们一定要在综合考虑各种因素的基础上去慎重决定卧室墙面的设计方案，而不要头脑一热就胡乱敲定墙面装饰的材料，或者简单复制别人的装饰方案。我们需要考虑的因素包括卧室的具体朝向、面积，床、化妆柜等家具的式样与色调，等等。需要谨记的是，卧室墙面的装饰材质、颜色、图案要与整体环境相协调，风格也要相契合。

第三，注重个性化表达。在传统观念中，卧室装修应当以冲淡平和的格调为主，尽量避免夺人眼球的设计。然而，看多了千篇一律的墙面装饰设计后，很多年轻人也开始追求更能彰显自我个性的卧室空间。

打造个性化墙面首先建立在自己的需求和喜好上，比如选择自己喜欢的装饰材料、配色方案、工艺手法等；其次是要注重墙面设计的细节，运用别出心裁的设计来打造让人眼前一亮的效果。我们往往能从室内墙面设计的细节中感受到家所散发出的独特气质。

卧室墙面装饰攻略

在卧室墙面装修中，无论是材料的选择还是色彩的搭配都是我们关注的重点。在不同材质和色彩的相互试探和碰撞下，卧室墙面设计才会有更多的可能性，才能产生更多的视觉惊喜。

◆ 壁画

在家装墙面装饰中，壁画是最简单、最普遍的装饰方式之一。不同风格的壁画能带来不同的视觉体验，我们需要根据卧室墙面周围的家具或装饰来选择合适的壁画，确保壁画的整体色调、所采用的元素等与卧室的整体风格相协调，营造和谐的空间氛围。

现代装修风格的卧室可以选择较为清新的、极简风格的墙面装饰画，常用的元素有英文字母、几何形状的色块、花束、绿植、麋鹿、火烈鸟等。一般画框较窄，以纯色为主，凸显简约感。

中式装修风格的卧室可以选择意蕴深厚、古色古香的水墨画等。主题不限，常见的有山水、人物、花鸟鱼虫等。如果卧室采用的是新中式装修风格，那么在墙面装饰画方面的选择则更为广泛，只要凸显其优美的意境、独特的氛围即可。

趣味麋鹿挂画

清新植物系挂画

古典花鸟画与中式装修风格的卧室相得益彰

欧式装修风格的卧室可以选择色彩浓郁、笔触流畅、拥有明显肌理感的油画。主题丰富多样，比如展现自然之美、田园生活等。风格或清新或浪漫，根据房间的具体风格而定。画框可采用华丽的铜金框，带有浓厚的古典气息。

健康、简约、舒适是北欧装修的特点，北欧风的卧室可以选择线条简单、色彩纯度较高的抽象画去凸显其简洁实用的特点和原始自然的别样美感，画框以细细的白边、黑边为主。

简约的抽象画，凸显优雅的美感

◆ 涂料

不同种类、不同颜色的涂料也经常被用来装饰卧室墙面，其往往能带来让人意想不到的惊艳效果。

拿艺术漆来说，它防水防潮、无毒无害，且能长久保持光泽，方便后期打理，这种种优势都是其他涂料很难比拟的。而且，艺术漆颜色丰富，家装设计师可根据床或其他家具、装饰的风格和预期达到的效果随心所欲地调配色彩，去装点卧室墙面。更重要的是，在不同的

几何图案背景墙搭配装饰画，一扫白墙的单调感

光线下，用艺术漆涂刷的卧室墙面能产生不同的折光效果。

虽然纯色背景墙简约耐看，但若运用另一种方式去利用艺术漆，则会带来另外的效果，给人以十足的新鲜感和视觉冲击力。

拿生活中很常见的几何图形来说，将菱形、三角形等图形或宽窄不一的条纹、色块随意拼接在一起，便构成了独特的几何墙面，一扫空旷白墙的单调感，又带着简约现代的气息，充满创意。

◆ 墙纸、墙布

在卧室墙面装饰材料中，墙纸、墙布也是很多人的心头好。墙纸、墙布花色美丽，风格多样，无论是现代简约风、中式典雅风，还是欧式华丽风、美式复古风，都能找到合适的墙纸墙布进行搭配。

植物纹样壁纸营造淡雅清新的家居氛围

超高的颜值和适配性、超长的使用寿命、便利的施工过程等优势，都令墙纸深受现代人的青睐。

将墙纸、墙布混为一谈

装饰卧室墙面，选择墙纸还是墙布？很多年轻人对这个问题决断不下，甚至有不少人根本分不清楚二者之间的区别，只觉得肉眼望去，两种装饰材料似乎没有太大的分别，装饰效果差不了多少。

其实墙纸和墙布之间有很多不同之处，唯有掌握了各自的优缺点，你才能选出最适合你的家装材料。整体而言，墙纸的应用相对更为广泛，其色彩丰富，图案多种多样，施工速度相对而言是较快的，而且价钱上也比较实惠。

墙布虽然在颜色、图案的选择上比墙纸少，但材质耐磨、固色能力强，因此使用寿命比墙纸长，且其质感更好、隔音隔热效果也更强，但是价格一般也较高，可根据自己的实际需求去选择。

◆ 其他个性化装饰材料

针对整体的家装风格来装饰卧室墙面是一个怎么都不会出错的思路，在此基础上加上一点个人创意就会更出彩。比如在墙上挂一些工艺品，利用别样的材料、有趣的造型、生动的图案去为你的卧室增添一抹文艺色彩。

艺术涂料背景墙 + 简约钟表装饰

颇具个性的水泥背景墙

梳妆台与边角柜，生活中的小美好

梳妆台、床头柜、边角柜……卧室里的各种柜体虽然不是卧室的主角，却是必不可少、大放异彩的存在，帮助我们梳理、收纳着生活里的小幸福和小美好。

 精致的梳妆台

在卧室设计中，相信每个女孩都不会忽视对梳妆台的挑选与设计，精致美丽的梳妆台会成为卧室里最美的风景，也会将"懒起画蛾眉，弄妆梳洗迟"的美好景象变成我们的日常生活。

目前，常见的梳妆台有独立式梳妆台和组合式梳妆台等类型。根据卧室的大小、格局、装修风格，可选择不同类型的梳妆台去装点卧室，这样才能起到方便实用、不占位置、美化空间的效果。

独立式梳妆台便于移动，一般比较精致小巧，有多种样式可供选择。如果卧室较小，可在卧室床角摆放一款精巧的独立式梳妆台去替代床头柜，既能发挥收纳作用，节约空间，也很协调美观。

组合式梳妆台更注重空间的联动性，侧重于梳妆台与卧室电视柜、梳妆台与衣柜、梳妆台与书柜等的一体化设计。这种设计能使动线更加流畅，并且最大化利用空间，让卧室的整体感更强。另外，一体化设计所带来的错落有致的层次感，也能极大地提升卧室颜值。

小巧、便于移动的独立式梳妆台

梳妆台与书柜的一体化设计

 便利的床头柜

　　一般人家的卧室床头两边大多放置着小型立柜，一左一右，将卧室的静美、温馨衬托得淋漓尽致。床头柜虽然是卧室里的"小角色"，却是必不可少的存在，它可以帮助我们收纳眼镜盒、遥控器、各种药品、书籍杂志或其他零散杂物，躺在床上的时候，想拿什么，伸手便能够到，而不用穿衣起床到处寻找。

　　落地式床头柜是目前最普遍的床头柜样式，除了可收纳小物品外，还可用来摆放台灯、水杯、加湿器等。有的面积较小的卧室会采用悬空式床头柜，虽然相对而言收纳功能大大减少，但能起到装饰墙面的作用，也成为不少人的优先选择。

　　还有些简装风格的家庭使用推车式的床头柜，既能有效储物，又方便打扫、清理。需要注意的是，推车的材质、款式要精心挑选，在散发个性的同时不乏时尚感、现代性。

实用又美观的床头柜

悬空式床头柜

床头柜的选购重造型、轻质量

很多人在挑选床头柜的时候只看重其造型、样式，却忽略其材质、质量，这是本末倒置的做法。真正值得我们搬回家的床头柜不仅要好看，而且要实用、耐用。

实地挑选过程中，我们除了要细心观察床头柜的外形外，还可上手检测，一般情况下，好的床头柜手感较为光滑、封边很细腻。如果触手粗糙，甚至带有毛刺、气泡，品质一定不会很靠谱。如果床头柜自带抽屉，需仔细观察其结合处是否有空隙，或尝试拉动抽屉，看是否顺畅。

床头柜的大小、尺寸、高度等也是我们选购时容易忽略的因素，具体要结合卧室面积、床的大小来决定床头柜的尺寸和高度，否则就会破坏整体空间的协调感。

 ## 实用的边角柜

家中总有一些小角落闲置着，利用边角柜却能赋予这些闲置空间以别样的个性和色彩，也会给我们的生活带来更多便利和乐趣。拿卧室来说，卧室边角柜通常与衣柜相结合，精美、巧妙的转角衣柜设计能使我们眼前一亮，而边角柜的曲线又增加了卧室的柔美感。

我们除了能利用边角柜收纳一些零碎物品外，还能在开放式柜体上摆放花卉、绿植或其他装饰品来愉悦心情、为空间增色。

打造属于你的私人衣帽间

美观整洁的衣帽间能为我们的家居生活添上一抹玫瑰般的浪漫气息。但在具体的设计过程中，很多问题令我们头疼不已——选择什么样的风格、样式？如何规划空间？空间有限的情况下怎么设计？

想要解决这些问题，就跟随我们一起看下去吧。

 ## 因地制宜，精心布局衣帽间

衣帽间的设计方案往往要建立在卧室的空间规划的基础上，需要因地制宜，结合卧室具体的空间结构来布局衣帽间。

◆ L 形和 U 形衣帽间

如果卧室比较宽敞，可以在卧室的一角用两排柜子拼接组成一个L形衣帽间，很是美观、大方、实用。

如果户型较大，房间较多，我们可以单独腾出一个房间打造独立式衣帽间，其内部结构大多为 L 形或 U 形，前者适合窄长或又宽又长的房间布局，后者适合较为方正的房间布局。

独立式衣帽间要做好明确的分区，才能将收纳功能发挥得淋漓尽致。具体可包含衣物悬挂区、叠放区、熨烫区、鞋柜等，也可以划分出专门的区域放置包、帽子、围巾、手表、项链、耳饰等。另外，亦可将梳妆台囊括其中，最大化地方便日常使用。

独立式衣帽间可进行男女分区设计，比如男主人的衬衫、西服、裤子等要分门别类放置，并增加放置领带、皮带的架子，或者放置

L 形衣帽间

U 形衣帽间

内裤、袜子的抽屉。一般情况下，女主人的衣服较多，要给衣物悬挂区、叠放区留出更多的空间，或者多做几个隔层、多设置几个拉篮和柜子。

◆ 嵌入式衣帽间

如果卧室空间较小，嵌入式衣帽间是一个不错的选择，将衣物收纳其中，既能提高空间利用率，又方便清洁打理。

如果家中衣物较多，嵌入式衣帽间的空间不够大，则可以利用更多的抽屉、大大小小的收纳盒、带滑轮的收纳篮、裤架等提高收纳功能。比如贴身秋衣、内衣、不容易起褶皱的衣物、帽子或其他零碎杂物等都可以放入衣柜抽屉中，整个空间立马变得清爽干净起来。

嵌入式的小型衣帽间，令家居环境更清爽

 ## 衣帽间的细节处理妙法

衣帽间内不同的存储空间有着不同的管理细节，拿衣物悬挂区来说，我们要格外注意挂杆的质量，如果使用粗糙、劣质的挂杆，在长期的刮擦中，衣服会不可避免地受到损坏。最好使用带滑轨的金属挂杆，附带减震功能，方便悬挂昂贵的大衣或丝巾、披肩等配饰。独立式衣帽间的空间更为宽敞，最好使悬挂的衣物之间保持一些距离，不要将衣物紧紧贴在一起，这样拿取衣服的时候就很不方便。

衣物叠放区可以放置一些常穿的衣物，方便每日更换。或者放置一些特殊质地、剪裁，不方便悬挂的衣物，比如挂久了容易失去弹性、变形的莫代尔材质的衣物或较重的针织衣物等。

衣帽间还可设置大件物品存储区，一般会利用衣帽间的上部空间做合适的分格，用来存储被褥、枕头、抱枕等。衣柜的底部则可以多做几个抽屉，用来存放一些小的物品。

为了节省更多空间，有的人家还会在衣帽间的转角处安装旋转、抽拉式挂衣架，方便耐用，防尘效果也很好。我们也可以在衣帽间的角落里放置一个脏衣篮，将换下来的衣服随手扔进去。

无论是哪种类型的衣帽间都要注意防尘、防潮，比如在衣帽间的地面铺上带有抗静电性能材质的地毯，这能起到良好的防尘效果。我们也可以在衣帽间内放置一些防潮剂，平时进出衣帽间要记得及时关紧柜门，阻挡水汽进入。当然，在阳光充足的日子里可以适当地通风透气。

家装妙招

衣帽间的灯光布置

一个高品质的衣帽间有着各种各样的构成元素，灯光、照明则是其中最容易被忽略的部分。殊不知，精准、巧妙的用光，既能点亮衣帽间的各个角落，又能为我们带来每一天的好心情。

衣帽间的照明布置要与整体装修相协调，组合使用吊灯、射灯、灯带、LED 筒灯、壁灯等不同的灯具，尤其要保证衣物悬挂区有充足且不刺眼的光源，最好呈散射状，色温上不要选择过暖、过冷的光源，接近自然光即可，这样才不至于让衣服的颜色失真。

手表、包包、项链、耳饰等物品的存放区可采用间接照明，灯光设置上可具备更多的层次感，合理调节亮度、投射方向，塑造一种艺术感、美感，这会大大提升整个衣帽间的颜值。

智能化卧室设计

通过语音口令可随意操控家中的电器开启，在手机屏幕上动动手指便能隔空查看家中情况……智能家居产品层出不穷地涌现，正不断地改变着人们的生活。卧室空间也随之发生了巨大的变化，时下流行的智能化卧室设计带来的便是更为舒适、放松、健康的家居生活。

智能化卧室是什么样子的？想象一下这幅场景：当你踱步来到卧室，空气净化器已自动开始工作，窗帘也悄悄关闭，灯光变暗；躺在床上休息，电动按摩床为你缓解一天的疲劳；入睡后，自动报警器时刻为你监测家中情况；起夜时，可唤起的夜灯及时亮起……这些人性化的装修设计会让我们的家更有温度。

想要设计智能化卧室，打造高品质家居生活，可利用以下智能产品。

智能插座和灯具。很多人习惯在睡前玩手机，入睡前再给手机充电，往往一充就是一整夜，既伤害手机电池，也很浪费电，其实，只要在卧室安装几个智能插座便不用担心这些问题。智能插座节能环保，能定时或延时关闭电源，还有防雷电、防漏电等功能。

智能灯具包括智能台灯、灯带、床头灯和感应类的夜灯等，能定时或延时开关，并根据室内环境自动调节色温、灯光效果等。

电动窗帘。智能电动窗帘系统的出现，使得我们不再需要每日早晚手动去拉窗帘，平日只需通过手机 App 进行操作即可。电动窗帘也可以安装在衣帽间，根据人的出入情况自动开关，既方便实用，又美观大气，是现代家居品位的体现。

睡眠监测设备。卧室的首要功能是满足人们的睡眠需求，无论是非接触式的睡眠监测仪、手机附带的睡眠监测功能，还是可穿戴的睡眠监测手环、智能手表等都能有效地监控我们的睡眠情况，忠实记录我们的睡眠总时长、深度睡眠时间、清醒时间、清醒次数等，方便我们根据这些信息来调整自己的睡眠模式，提升睡眠质量。

"空调伴侣"、智能空气加湿器和净化器。有"空调伴侣"定时或延时开关空调，我们可以放心地沉溺于香甜的梦乡。智能空气加湿器

通过手机 App 控制智能家电

可随时采集室内环境的湿度数据，一旦监测到空气较为干燥时，智能空气加湿器就会自动开启加湿功能。在室内空气不够清新的情况下，空气净化器也会自动开启工作，确保空气质量时刻处于良好状态。

家装妙招

如何选择智能化家居产品

　　智能家居给我们的生活带来了极大的便利，目前的智能家居设计普遍有两种方案，其一是单品搭配，即选择不同品牌的智能家居产品进行功能上的搭配、组合使用，其二是全屋定制智能家居装修，即选择同一个品牌，进行一站式智能家居服务体验。无论选择哪种方案，智能家居产品的质量都是首要考虑的因素。

　　如何选择靠谱的品牌和产品？首先，我们要在明确自身需求的前提下，尽量选择一些大品牌制造商的产品，注意收集、比对这些产品的销售量、复购率、用户反馈。其次，我们要通过查看数据、试用、搜集用户评价等方式了解产品的稳定性和兼容性。另外，我们要选择有售后服务保证的产品。综合衡量以上几点后，选择最合适自己的、性价比最高的品牌和产品。

适老化卧室设计

卧室是老年人休息的主要场所，适老化的卧室设计，就要将安全、健康、舒适、便捷省力等作为优先考虑的设计因素。

 ## 合理布局，以舒适便捷为主

老年人的卧室布局的核心在于留出更多的活动空间。所以，我们要尽量选择简约轻便的家具，将笨重的、使用率低的物品搬离老年人的房间。尤其是对于需要护理的老年人来说，最好预留出辅具使用的空间余量，或者规划出轮椅通道，并尽量缩短通往户外的动线。

卧室是否舒适便捷，主要体现在采光、采暖、保温、保湿、隔音、隔热、通风等方面。相比一般年龄段的家居群体，老年人体虚多病，体质较弱，对卧室的采光、温度、湿度等有着较高的需求，因此，应选择朝阳、温暖、安静的房间作为老年人的卧室。条件许可的情况下，可在老年人房间安装地暖设备等。

　　此外，老年人在生活习惯与行为需求方面与年轻人不同，年轻人能够从容应付的事，老年人做起来却往往困难一些，比如年轻人起夜，可以冒着寒冷直接前往距离较远的卫生间，年轻人可以轻易触及墙面上较远位置的开关，但老年人要做到这些，却相对困难得多。老年人的卧室应与卫生间尽可能地接近，或者老年人的卧室自带卫生间，为了满足老年人的抓扶需要，应在床边、马桶边等设置一些扶手。

　　老年人卧室内的照明开关也应该尽量设置在较低较近的墙面位置上，还可以在老年人的卧室内设置感应灯以增加局部照明。插座布置得不要太低，否则老年人还得费力弯腰、下蹲才能使用。

　　还有一些小细节也应注意，比如老年人卧室要有足够的收纳空间；水杯、药品、老花镜等日常用品放在随手可拿的地方；卧室中电视的屏幕高度、角度要适宜，方便老年人躺着看电视；可将传统的扭动式门把手换成杠杆式门把手，老年人按下开关便可进出房间；增加智能家电，提高老年人居住的舒适度，比如电动窗帘等。

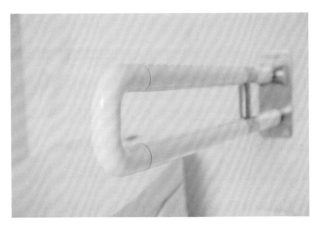

卫生间扶手

排除健康隐患，安全第一

　　老年人卧室要尽量布置得简洁宽敞，可有效避免老年人因杂物磕绊而受伤。最好使用有扶手的、线条圆润的木质家具，避免选择玻璃材质或锐角过多的家具。房间内也要秉持集约高效的原则，尽最大限度减少遮挡物和死角，避免室内空间出现台阶和高低落差等。

温馨明亮、宽敞舒适的老人卧室

尤其需要注意的是，地面应当选择防滑、耐磨、易清洁的材质，既能防止老年人摔跤，又能避免轮椅等辅具的过度摩擦造成地面划痕，同时还容易清洁打理。

老年人是疾病易发群体，除上述安全问题外，老年人身体状况出现问题的情形也不得不引起注意。为了应付老年人突发疾病或摔倒受伤等问题，一些安全设施，如火警、紧急呼叫按钮等的设置，就显得尤为重要，可将火警、紧急呼叫按钮设置在老年人床头伸手就能够到的地方。

健康与安全密不可分，许多健康隐患，都可能转化为安全隐患，危及居住者的安全。大的健康隐患主要有污染和通风等。比如家具的甲醛污染，室内通风不良导致的空气质量差，或室内通风不科学等，都可能对老年人的身体健康造成严重威胁。

微小的健康隐患虽然不会对老年人的生命安全造成威胁，但长期、普遍地存在，亦是不可忽视的安全问题，要尽量避免。比如玻璃、地砖的光污染，噪声污染，耗氧型绿植的过量摆放，等等。

家装妙招

老人房装修的注意事项

适老化卧室的设计不仅要考虑诸多现实因素，也要注重满足老年人的精神需要、情感需求，让老年人安度幸福晚年。不同性格的老年人喜欢不同的居住环境，有的老年人喜欢热闹，那就在房间里增添一些娱乐功能，比如布置电视机、适度加宽窗台等，方便老年人看电视和观看窗外景色，装饰时可使用一些暖色调，让房间看起来更温暖舒适。

有的老年人性格沉稳，喜欢安静，装修时最好采用效果更好的隔音材料，装饰上也要更简洁大方，墙面装饰材料以环保壁纸和乳胶漆为主，采用柔和的色调，营造温馨平和的氛围。

第六章

儿童房：给孩子一个快乐的童年

儿童是家庭中爱的延续，家长们大都希望自己的孩子拥有一个幸福的童年，在家庭装修设计时会特别为孩子创造一个属于他们的空间，这便是儿童房。

儿童房的空间设计寄予了父母对孩子的爱，儿童房空间设计应符合儿童的身心发展特点，充分满足儿童的成长需求，让儿童能在这一方小天地中健康快乐成长。

主题儿童房设计

　　儿童房的设计和装饰能为儿童营造一个独立的生活、学习、游戏空间，通常包括了起居、休闲功能，科学合理的儿童房设计能培养儿童的独立能力、思考与探索能力，并给予儿童安全感与幸福感，有助于儿童身心健康。

　　饶有趣味的主题儿童房设计是时下非常时尚的儿童房设计风格，独特的空间设计风格不仅能满足儿童的想象，也能让儿童拥有一份沉浸式的快乐生活体验。

 丰富多彩的主题儿童房

　　儿童的生长环境不同、性别不同，会对儿童的身心发展有重要的影响，也会使儿童对不同的内容、色彩、空间表示出特殊的喜爱，家长们可以结合自己的期望与孩子的喜好设计儿童房。

◆ 亲近自然——营造清新活力空间

自然环境对儿童的身心发展是非常有益的。大自然的动植物丰富，对于儿童来说，大自然是一个广袤的、充满趣味和未知的生存空间，能激发儿童的探索天性和求知欲，能激发儿童积极向上的情绪，将大自然"移植"到室内，能延续这种积极影响。

心理学研究指出，绿色不仅是代表大自然的颜色，也是代表希望和勇气的颜色。绿色能给人平和、安静、放松的心理感受，以绿色为主色调的自然主题的儿童房对于培养儿童良好的性格与品质有重要的帮助作用，清新的色调与装饰能为儿童营造一个舒适和自由的生活与学习环境。

生机勃勃的儿童房

因此，在以自然为主题的儿童房设计中，可以多加入一些大自然中存在的动植物装饰，在色彩选择上，推荐以绿色为主，同时，加入其他丰富明快的色彩点缀。

◆ 神秘海洋——自由的空间之旅

海洋给人以宽广、神秘之感，能满足人的无限想象，如果家中的小朋友特别喜欢大海，或者有当水手、海军的梦想，不妨为他／她量身打造一款海洋主题的儿童房。

亲切温馨的彩色世界

　　海洋主题的儿童房的主打色为蓝色，蓝色属于冷色调，能给人安静、冷静之感，这对于活泼开朗，甚至有些"闹腾"的儿童来说是非常适合的一种房间装饰色。

　　无论是海洋带给人的普遍心理感受，还是海洋主题色——蓝色对个体的心理感受，对儿童健康成长都是有积极影响的。在这样的环境中活动，能缓解儿童的不安和紧张情绪，有助于强化儿童的注意力，促进儿童思考。

墙绘与床完美结合，营造出海洋主题

墙绘只要好看就行了吗

很多家庭在进行装修设计的时候，尤其是在进行儿童房的装修与设计时，墙绘的出现概率非常大。一方面，墙绘可以根据房主的设计理念和思路进行"定制"，能充分满足房主的装修与设计需求；另一方面，墙绘在整个家庭装修工程中比较容易实现，而且随着房主喜好的改变可以随时移除和改变。

很多房主在设计墙绘时以美为唯一设计与实操要求，很容易忽略墙绘与房间的空间比例和墙绘材料的安全问题。

墙绘大小应与整个房间的空间比例相协调，避免产生空旷或压抑感，否则会给在房间中居住的儿童带来不良的心理感受。此外，墙绘所用墙漆或涂料应安全环保。

◆ 遨游太空——在探索中快乐成长

儿童正处于好奇心非常强的年龄，对一切未知充满好奇，对于想要探索宇宙、了解太空的儿童来说，拥有一个太空主题房间是非常开心的事，家长可以通过太空元素对儿童房进行装饰，在家中为孩子营造一个探索太空的场景，并进一步激发孩子的想象与探索欲望。

灵动的秋千与静谧的星空，动静结合

火箭装饰与飞机童车，鼓励探索

◆ 其他儿童房设计风格

　　正如儿童的心理世界无比丰富多彩一样，儿童房的装修与设计也应是丰富多彩、富有变化、多元化的，不必局限于参考某一种特定的设计样板。也就是说，儿童房的设计没有"统一标准"，我们可以根据家庭审美和儿童喜好设计出独一无二的儿童房。

欢乐的游戏屋

城市空间

轻奢城堡

ins 风儿童房

多孩儿童房，相伴成长

休息与睡觉是儿童房的主要功能，儿童房的空间分配应优先考虑儿童的睡眠，床是儿童房设计与装饰时应首先考虑的家具元素。

在生育两孩或多孩的家庭中，如果家里的房间有限，那么在设计与装饰儿童房时，要充分考虑到孩子的用床问题。

一般来说，如果空间足够大就可以摆放两张床或多张床，如果房间空间有限就可以考虑上下双层床来充分利用空间。

如果儿童房在能满足儿童床铺使用空间的前提下仍留有一些空间，可以考虑在剩余空间内规划儿童的游戏、学习区域，如果剩余空间不多，可以作为"留白"，不做任何装饰和设计。

摆放了两张床的两孩儿童房

摆放了子母床的两孩儿童房

床边设学习区域

床边设游戏区域

温馨可爱的婴儿房

对于每一个家庭来说，一个新生命的到来都是令人欢喜的，很多父母在宝妈怀孕之初就迫不及待地开始设计和装饰婴儿房。

婴儿房的设计与装饰应充分考虑两个方面的内容：一方面，应考虑婴儿的生活规律和环境要求；另一方面，应考虑父母对婴幼儿照顾的便利性。

首先，婴幼儿的房间设计应简约，尽量营造温馨的氛围。

其次，婴儿房的采光应充足，婴儿床可以靠窗放置。这样可以方便婴儿晒太阳、预防黄疸。但应注意避免太阳暴晒、窗边漏风等影响婴儿健康。

温馨的婴儿房

再次，婴儿房内应有充足的收纳空间，分类放置婴儿需要的奶瓶、衣物、尿片等物品。

最后，婴儿房内应设有父母照看婴儿的休息区，这一点是非常必要而且重要的。

虽然相对于整个儿童期来说，从婴儿时期到幼儿时期的时间并不长，但是这段时间内婴儿的生活环境是非常重要的，良好的生活环境能为儿童的健康成长奠定良好的身心基础。

家装妙招

照片墙，记录美好童年

儿童的成长非常快，身高和相貌每一年都会有不小的变化，在儿童房内设置照片墙，可以记录儿童美好的童年时光，同时，也能对儿童房起到很好的装饰作用，可谓一举两得。

 ## 儿童房节日主题装饰

对儿童房进行节日主题装饰可以帮助儿童了解节日文化、感受节日气氛，是非常有益的事情。

　　在对儿童房进行节日主题装饰时，父母应对节日习俗和文化内涵有充分的了解，然后邀请儿童一起参与到房间装扮中，一边装扮房间，一边向孩子讲述节日文化习俗，寓教于乐。

儿童房春节挂饰和剪纸

读书角与休闲区，学习娱乐两不误

快乐读书角，启迪智慧

读书能帮助儿童增长知识、启迪智慧，如果儿童房内有足够的空间，应考虑为儿童设置读书角，方便儿童在房间内开展阅读活动。

儿童阅读所用书桌的选择应充分考虑儿童的身高与坐高，不同年龄阶段的儿童需要不同高度的桌椅。

阅读桌椅应匹配儿童的坐高与身高

　　儿童读书最佳位置应该是在书桌前，这有助于儿童"正视读书这件事情"，并能为儿童以后良好学习习惯的养成奠定基础。

　　很多家长在设置儿童读书角时，容易陷入要设计较大区域的误区，其实不必如此，儿童读书活动可以借助书桌椅开展，也可以在其他灯光适宜的地方开展，不必有多大的空间，有时一个沙发、一把椅子、一个帐篷，甚至一个坐垫，都能成为一个舒适的读书角。

读书角

打造娱乐休闲小天地

原则上，儿童房的主要功能区是睡眠区，儿童的年龄越小，房间的功能应越少，这样，儿童在进入房间后能尽快休息和睡眠，这有助于促进儿童的生长发育。

很多家庭会将儿童的娱乐休闲区域设置在客厅的某一部分区域中，尽管这会方便父母在会客时照看儿童，但会占据客厅的空间，给会客造成一定的困扰。此外，大人之间的谈话、客厅音视频家电的声音和画面，也会影响儿童自由自在地玩耍。

基于上述原因，在儿童房设置娱乐休闲区成为一种"刚需"。儿童房的娱乐休闲区域通常离不开以下几种元素：

第一，儿童桌椅、沙发。

在娱乐区域中设置儿童桌椅，能为儿童在房间内画画、做手工提

进行美术创作的儿童

供便利，儿童桌椅、沙发是非常不错的功能性儿童房家具。

第二，地毯。

选一块或几块或大或小的地毯放置在儿童房内，不仅能起到划分空间区域的作用，还能起到装饰作用。地毯的风格和材质多种多样，可以结合儿童房的具体设计与装修效果来确定地毯品类。

与地砖、地板相比，地毯材质柔韧，能对儿童在地毯构成的区域内进行娱乐起到很好的保护作用，如果儿童不慎跌倒在地，地毯将是一个很好的缓冲和保护。

临窗的儿童娱乐休闲区

第三，帐篷。

儿童帐篷本身就带有非常强的娱乐功能，是儿童娱乐休闲的用具，也是一个小小的休息场所，可以成为儿童游戏中的"家""城堡""冒险屋"，能满足儿童娱乐、休闲的各种需求。

此外，帐篷能为儿童提供一个相对独立、封闭的空间，能给儿童带来安全感。

当然上述几种元素并不是孤立的，在儿童房的娱乐休闲区域设计与装饰中，一切符合儿童喜好、有益儿童身心和智力发展的元素都可以被充分运用。

欢乐的亲子时光

儿童房温馨一角

 ## 独立收纳，从小培养好习惯

　　儿童在日常生活和成长过程中会需要很多物品，如衣服、鞋帽、早教书、中大童绘本、文具以及各种玩具，这些物品往往很多、很杂，如果收纳不到位，就会"堆得满地、满屋都是"，既影响美观，又会给儿童在房间内活动带来很多不便。一些细小物品和零件还有可能在儿童活动过程中绊倒、划伤儿童。

　　在儿童房设置必要的收纳空间，不仅能使儿童的诸多物品得到有效的收纳，还有助于提高儿童的分类与归类能力、培养儿童良好的整理习惯。

高度适宜的分格储物柜是非常不错的儿童房收纳家居用品，不同的格子能自由组合，同时，搭配大小得当的收纳盒，体型小巧、分类明确，一目了然，能让儿童快速学会和进行整理收纳。

在儿童房内，储物和收纳可以通过空间的灵活利用来实现，但应满足以下两个基本要求：一方面，要方便儿童拿取物品、随时收纳整理；另一方面，应围绕儿童的主要活动区域（如以床为中心），就近设置收纳区。

床头收纳

床尾收纳

床上、床下收纳

家装误区

色彩有性别吗

很多家庭喜欢把女孩的房间装饰成粉色空间，把男孩的房间装饰成蓝色空间。这几乎已经成为不同性别配色的固定搭配，但是，必须是这样吗？并不是。

不同的色彩对儿童心理有不同的影响，儿童房间的配色没有必须是哪一种颜色一说。

在婴幼儿和小童时期，儿童房的配色应以简洁为主，不同色彩均可出现，但不宜出现大面积的色彩装饰，不建议将整个儿童房涂成一种颜色。

设计者为中大童设计儿童房，在主要色彩选择上应充分尊重儿童的喜好，一定不要忽略他们的想法。

儿童房设计注意事项

 材质环保，安全第一

　　环保、安全，是家庭设计与装修的重中之重，儿童房的设计与装修在环保与安全方面的考虑应更加周全。

　　儿童房的设计与装饰无论是什么风格、多大空间，不管怎么划分区域、如何陈设家具，都必须以环保、安全为前提。

　　首先，儿童房的家装材料应选用环保材质。

　　儿童房装修材料应从正规渠道购买，产品应符合国家环保认证标准，从品牌到商家，从购买到入户，都应考虑产品本身的安全和运输安全的问题。

　　在装修结束后可以购买专业环保测量器具或者邀请专业的工作人员对房屋的装修进行验收。

　　其次，儿童房的空间规划、家具摆放、家具外观等都是我们应慎重考虑的因素，应确保儿童活动的安全。

　　儿童房的休息区、娱乐区、学习区等各种区域的设置应形成流动的动线，各个区域之间要自然过渡，避免相互干扰、交叉，房间内应留有必要的收纳空间。

此外，儿童房的家具外观尽量选择弧线、圆角的设计，避免儿童被磕碰划伤，同时对家具的尖锐边角做包角处理，必要时，应为儿童房的床铺、窗户加装护栏，避免儿童跌落受伤。

采光与照明

儿童房应向阳，有充足的阳光，在白天能满足自然光充分照射和照明的需求。充足的阳光照射能为儿童提供一个良好的居住环境，有助于儿童的身体健康。

书桌靠窗，采光充足

除了保持充足采光，照明也是儿童房设计与装饰不可忽视的问题。

具体来说，儿童房的照明还应注意以下几点：

第一，儿童房的照明光源应角度合适、强度合适，不同光源协调互补。儿童房的照明应保持足够的亮度，当傍晚或夜晚时、阴天时，房间内的亮度不够，会影响儿童的活动和视力发育，因此应在儿童房安装照明灯，推荐"一个中心多个次中心"的原则来安装照明灯，也就是说，在儿童房的合适位置确定和安装照明主要光源，在房间内儿童不同的空间区域内分别加装照明工具，作为补充光源。

广采光，避强光，补充光源应和谐互补

第二，夜晚时，应尽量让儿童房保持黑暗。有些儿童害怕黑暗，家长就让孩子开着灯睡觉，等孩子睡着了再将灯关掉，这是不科学的做法。夜晚灯光过亮会影响儿童的入睡，长期开灯睡觉对儿童的健康不利，也不利于养成儿童"快入睡"的作息习惯。推荐父母仅保留儿童房的小夜灯提供低亮度的照明即可，尽量为儿童营造一个良好的睡眠环境。

第三，儿童房的照明灯应避免有肉眼可见的频闪，以免对儿童的视力造成不良影响。

 不同年龄的儿童需要不同的儿童房

儿童的身高不同，对儿童房的空间布局与家具陈设会有不同的要求，小童、中童、大童在不同的生长发育阶段，身高不同，心理发育成熟度、智力发展水平不同，这些都是儿童房设计与装修需要考虑的问题。

儿童房空间设计与装修应满足儿童身体、心理、智力发展需求，这里重点分析以下几个方面：

针对小童的儿童房设计与装饰，应注重安全性，在此基础上，关注小童智力发展，儿童房应充满趣味，游戏休闲区域应尽可能地大，可在房间内加入早教器具，促进小童体能、智力发育。

针对中童的儿童房设计与装饰，应注重功能性，在此基础上，关注中童的探索心理和好动的年龄特点，为儿童的探索提供方便，如在房间内设置涂鸦板、在地面铺设地毯，方便儿童"乱写乱画""乱蹦乱跳"，又不会破坏房间的墙面或对楼下的邻居造成困扰。

　　针对大童的儿童房设计与装饰，应注重简约性，在此基础上，关注大童的学习需求，重视大童阅读和学习区域的设置，为大童提供良好的阅读、学习条件与氛围，在书桌和椅子的选择上，推荐可升降（可以调节高度）的桌椅，以便随着儿童的快速生长发育随时调整桌面与椅面的高度。

儿童站在地毯上玩耍

带有超大黑板墙的儿童房

儿童房学习角

第七章

厨卫：方寸之间皆是生活

有人将厨房和卫生间视为家的治愈空间。厨房里热腾腾的烟火气，总是能慰藉我们的心灵。而作为家中的隐秘之地，卫生间的装修也不容忽视，它能满足我们的基本生活需要，与我们的健康息息相关。

方寸之间，皆是学问，皆是生活。唯有掌握厨卫的装修密码，精心装饰家里的每一个角落，才能获得健康舒心的居家体验。

收纳柴米油盐的美好

　　一到烹饪时间，厨房里便忙得停不下来。锅里咕噜噜冒着的热气、色美味鲜的饭菜和锅碗瓢盆亲昵碰撞的声音温暖着我们每一个清晨与黄昏。做饭是一件幸福的事，收纳却让人头疼。只因厨房里的瓶瓶罐罐、零碎物品多到不计其数。

　　其实，只要掌握相关技巧，厨房收纳也可以变成一件极其容易且趣味满满的事情。

 ## 空间规划，告别厨房的混乱

　　厨房收纳的要点在于空间规划和分区域整理，充分利用好几大收纳空间，就能轻松告别厨房的混乱，给你的好厨艺更多的发挥空间。

◆ 干净整洁的台面

　　也许你也有过这样的经历，拎着从超市购回的"战利品"兴致勃勃地冲进厨房，当一看见厨房台面上锅碗瓢盆乱七八糟地堆在一起，顿时就失去了烹饪的心情。

　　想要提高做饭的效率，平日里就要做好台面收纳。而台面收纳的核心是尽量保持台面干净，除了最基本的烹饪操作工具外，最好将其他非必要物品统统上墙、入柜，这样才能给人干净整洁的视觉观感。

厨房台面，干净整洁、一目了然

◆ 收纳重物的地柜

厨房地柜可以用来收纳一些占地面积较大或较重的厨具用品、食物，比如各种锅具、米、面、油等。想要让柜内空间更加整洁有序，可搭配使用一些工具，比如利用分层锅架去收纳大小不一的锅具，利用带把手的透明收纳盒去装米、面等。

水槽下的橱柜空间因为水管多，较为潮湿，往往会被人们忽视。其实，这方空间也能发挥很大的作用。比如，可以在这里安装厨余处理器，剩余的空间就用来放平日里囤积的洗洁精、百洁布或使用频率不太高的碗碟。如果橱柜的高度足够，还可以借助收纳筐、层架将各种瓶罐进行更清晰的分类。

旋转拉篮，地柜转角处也可派上大用场

地柜的转角处也可以派上大用场，可以在这里安装几个拉篮，将厨房的零碎物品收纳进去，也可以将垃圾桶安置在此处，如此一来，厨房的整个空间都干净清爽了起来。

◆ 囤放轻物的高柜

厨房高柜的收纳空间也是很大的，但因为在高处，不适宜放重量较大的物品，所以可以放一些轻的物品，比如干笋、干香菇、银耳等干货。高柜的下层、外层最好放置平日里使用频率较高的物品，而上层或里层则可以存放平日囤积的生活物品，比如卫生纸、厨房纸等。

◆ 增加空间利用率的抽屉

抽屉能有效增加空间的利用率，使得厨房物品的收纳更精细化。一般可将厨房地柜中体积较小的柜子改装成数量合适的抽屉，这样可以将小型煎锅、奶锅、刀叉、勺子、锅铲、保鲜膜、垃圾袋等零碎物品分门别类地摆放其中，也能提高杯碟等易碎物品的安全性。

抽屉内可设置层板、沥水篮等，按照使用频次来分区摆放不同的物品，比如灶台下方抽屉的第一层可分类摆放常用的刀叉、碗碟等，平日里炒好菜后顺手就可以拿出合适的盘子来盛菜，十分方便。

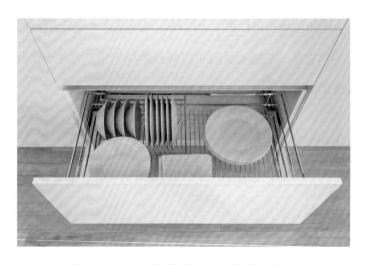

抽屉＋沥水篮，有效增强橱柜储物收纳能力

 魔术师般的收纳工具

想要让杂乱的厨房变得整洁干净，就得合理运用好各种收纳工具。厨房置物架、收纳盒、隔板、调味瓶和挂钩等，各种收纳工具能让你的厨房变得焕然一新。

◆ 厨房置物架

厨房置物架有壁挂式置物架、小家电置物架、磁力刀架、锅盖和砧板架等，各有妙用。

空气炸锅、电烤箱、烙饼机、榨汁机、蒸蛋器……我们厨房橱柜的各个角落，可能塞满了各式各样的小家电，因为拿取麻烦，几乎一买来就被闲置。

　　其实，如果用一个高颜值的置物架将这些小家电集中收纳在一起，既能让拥挤的厨房喘口气，也能有效减少这些家电的闲置率。比如，我们可以在厨房冰箱旁的空余之地或夹缝里放上一个置物架，将各类家电按照使用频率逐层摆放，厨房空间立马变得简洁、精致起来。

　　墙上空间也不宜浪费，尤其是在厨房空间较小的情况下，可让闲散的物品统统上墙，一切都将变得整齐有序。为了提高视觉美感，可分区悬挂常用工具，比如清洁区、烹饪区等。

　　厨房的锅盖和案板是收纳难点，而锅盖架和案板架既能解决锅盖和案板沥水的问题，又能一架多用，为厨房节省大量空间。另外，免

木质置物架，使厨房更整洁

方便实用的墙上置物架

打孔的磁力刀架可安装在操作台中间的墙面上，将大大小小的刀具摆放其上，需要用时随手拿取，异常方便。

◆ 收纳盒、沥水篮、隔板

厨房储物柜内可放置几个收纳盒或安装几块隔板，方便物品的分类归置。比如五谷杂粮就可以用透明可视的、带把手的收纳盒装起来码放在橱柜或厨房台面上，美观整齐，拿取方便。水槽旁也可放置一个沥水篮，收纳洗完的杯碟、碗筷。

很多人家的冰箱一打开，里面的景象让人直皱眉头，蔬菜、水果、肉类被装在塑料袋里胡乱叠在一起，很不美观。因为冰箱的隔板有限，我们也可以利用收纳盒去完成冰箱空间的清理与收纳。冰箱收

沥水篮可随时收纳洗完的杯碟、碗筷

纳盒有很多种类型，有大型的、带盖子的保鲜盒，能有效防止食物串味；小型的带手柄的保鲜盒可以存放蔬菜、瓜果等；带沥水架的收纳盒能保证食物处于干燥的状态；还有专门的饺子、馄饨收纳盒；等等。

◆ 调味瓶和挂钩

油盐酱醋等各种调料可以装在出料均匀的透明调味瓶、调味罐里，一目了然且完全不占用台面空间。有的调料瓶设计得小巧精致，甚至可以当作厨房装饰品，异常养眼又别有趣味。

挂钩虽不起眼，却在我们的生活中扮演着重要的角色，厨房也不例外。充分发挥挂钩的价值，便能让整个厨房空间干净、利落起来。

常见的厨房挂钩有壁挂式、螺钉嵌入式等，造型、材质各不相同，我们可根据实际需要去选用不同的挂钩，只要有想法、有创意，小小的挂钩也能成为一道亮丽的风景，让你的厨房更具情趣、更有格调。

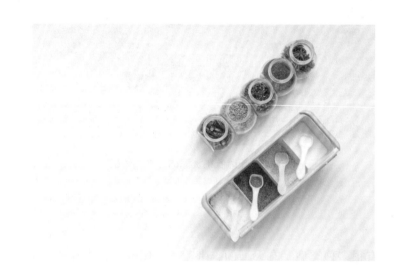

精致小巧的调料罐和调料盒

妙用挂钩，轻松收纳小型锅具

家装误区

厨房收纳误区

误区一：收纳区换来换去，调味瓶、做饭工具等随意乱放，路线不固定。厨房收纳的重要原则是：其一，所有物品要按照用途分类收纳；其二，收纳位置一定要是固定的。在设计之初，应考虑如何缩短动线，将常用工具摆放在合适的位置上，保证需要时伸手就能拿到。将用途相似的工具、物品摆放在一起，并将做饭的流程与路线固定下来，这样可以大大缩短烹饪时间，提高做饭的效率。

误区二：利用水龙头挂篮、水槽挂篮来收纳抹布、海绵擦等清洁工具。这种收纳小挂篮看似实用，实则鸡肋，洗碗的时候，油污很容易溅在收纳篮上，需要随时清理，很是麻烦。而且清洁工具放在这种挂篮里也很难保持干燥的状态，时间久了难免发霉生菌。

水与火，遇见人间烟火气

灶台高度不合适，用起来不舒服；洗菜时水流得到处都是，水槽动不动就堵塞……这些都是厨房装修的大忌。

厨房灶台、水池的装修与设计是我们应当重点关注的问题。当"水"与"火"相遇，唯有百般斟酌，小心设计，才能拥有一个更为舒心、便捷、安全的烹饪环境。

 ## 灶台设计，镌刻家的独特印记

面对厨房，我们要精心融入自己的设计巧思，让每个细节、每件物品都被打上家的独特印记。拿灶台来说，在选择灶台台面材质、高度及炉灶样式的过程中，我们心目中的厨房正在被一点点塑造而成。

◆ 灶台台面

灶台台面的选择既要契合厨房的整体装修风格，做到养眼美观，又要考虑其耐用程度，否则后期可能要面临因台面开裂而不得不修理和更换的问题。常用的台面材质有人造石、石英石、不锈钢等。

在安装人造石台面的过程中，要注意调整柜体的平整度，细致地去修理其毛边，做到既安全美观又方便日后使用。可利用实木条在地柜顶部打底，能防止裂缝的产生，有效延长台面的使用寿命。

石英石板材有着极高的硬度，抗腐蚀性强，耐高温且质感自然、光泽美丽，是很多人心目中厨房台面的首选。

不锈钢台面最大的优点是外表光滑，抗污性能强。但市面上的不锈钢有很多种型号，如果使用的材质不够好，或者做工不够精细，在外观上就会显得老气，且台面很容易被钢丝球等尖锐物体划伤。

◆ 灶台高度

做饭频率低，其实和灶台的高度息息相关。如果灶台太高，做菜时手臂就得一直高抬，恐怕还没做完一顿饭，就会累得直呼受不了。灶台太低，炒菜时就得弯腰低头，没一会儿就会腰酸背痛。

一般而言，灶台的高度被设置在80cm至85cm之间，也可以根据自己的情况来做具体的调整，身材高大的人可以选择高一点的灶台。当然，对于老人而言，将灶台设置得偏低一点也是合理的。

除了灶台的高度外，操作台和水槽的高度也需要适当调整。灶台区高度偏低，这样就不用全程高抬手臂去炒菜、做饭；操作台高度中等；水槽区高度最高，这样一来，洗菜时就省力很多。

◆ 炉灶

常见的炉灶有台式灶具和嵌入式灶具等。台式灶具安装起来较为方便，性价比较高，但款式不够新潮。嵌入式灶具美观大方，容易清理，虽然价格稍微昂贵一些，却依旧成为很多家庭的首选。

安装嵌入式灶具时，可以选择一边是灶台、一边是电磁炉的设计，如此一来，到了烈日炎炎、天气闷热的夏季，就可以减少燃气的使用，直接用电磁炉做饭。厨房不会变得像蒸炉一般，烹饪的过程也更为快捷舒心。

台式炉灶

嵌入式炉灶

 水槽布置，打造属于你的理想厨房

水槽的材质有陶瓷、石英石、不锈钢等，价格不一、优缺点各异，我们可根据自身的情况和实际需要去选择最适合的材质。

◆ 单盆型、双盆型、阶梯型

厨房水槽有单盆型、双盆型、阶梯型，等等。单盆型足以满足日常使用需要，尤其对于单身公寓来说，单槽占用的厨房空间小，更耐用。想要提升使用感，可适当选择稍大一点的槽体。

双盆型水槽也很普遍，无论是两个同等大小的槽体，还是一大一小，都能做到冷热分区、功能分区。比如，做饭的时候，左边的水槽用来清洗蔬菜、碗筷，右边的水槽可用来解冻虾、肉等。如果是一大一小的槽体，那么大槽的尺寸最好能容纳炒锅，方便清洗锅具。双槽型设计更适合空间宽敞的厨房，想象一下这幅场景：你和家人一左一右，一边忙着清洗瓜果菜蔬，一边闲聊家常，生活的乐趣尽显。

单盆型水槽

双盆型水槽

阶梯型水槽是单盆型和双盆型水槽的结合体，将单槽一侧的水盆底部适当抬高，搭配使用尺寸合适的拉篮，就形成一个清洗区，可用来清洗、放置肉类等。

◆ 台上盆、台中盆、台下盆

日常生活中，水槽有台上盆、台中盆、台下盆这三种安装方式，台上盆最为常见，即水槽高于台面，再沿着四周用玻璃胶固定，这种安装方式较为简单便捷，也方便日后更换水槽，但不容易清理，且封边的玻璃胶容易变形、发霉变黑。

台中盆和台下盆也很普遍，前者即水槽与台面处于同一水平线，后者指的是水槽低于台面，两者都很美观大方，也容易打扫、清理，缺点是它们的安装工艺都较为复杂，价格也较高。

家装妙招

厨房水槽装修的注意事项

第一，在设计厨房整体的装修方案时，要注意水槽的位置不要太靠近转角，最好留出足够的案台空间。施工前，一定要在合同或装修图纸中注明水槽的尺寸，以方便施工人员随时查阅、按图切割。

第二，在设计水槽排水口的时候，要尽量靠近水龙头，这样水槽下的橱柜空间也会宽敞一些。最好选择圆形的排水口，这样不容易留下卫生死角。另外，水槽上方的水龙头最好是抽拉式的，即拥有足够的长度和回弹力，伸缩自如，以方便清洗水槽的每个角落。

卫生间装修禁忌

　　一个追求更高生活质量的人总会分外注重卫生间的装修与设计，只因它是家居生活中使用最为频繁的空间之一。

　　想要打造一个实用又好看的卫生间，就一定要对这方空间的装修禁忌有充分的了解。根据日常的使用需求，可以将卫生间装修的注意事项总结为这几个方面，即防水、防霉与防菌、防异味和安全。

　　第一，忽视防水问题，是卫生间装修的致命错误。

　　卫生间用水频繁，如果在装修时不注意防水问题会对相邻室内空间甚至下层住户的生活产生严重影响。正因如此，我们要结合卫生间的使用特点，做好防水措施，尤其要避免墙壁、墙角和地面等区域的液体渗漏问题。针对墙壁防水而言，因为墙壁的受水方式一般为淋溅，所以通过贴瓷砖以及防水层便能够做到防水。

　　对于墙角及地面防水而言，由于淋浴时水流直接冲击地面，水流量大且存在一定压力，相比墙壁更容易造成渗漏，因此一定要在墙角和地面的地砖下增加防水层，并进行蓄水试验。一般来说，防水层面积应超出受水面积，淋浴区域墙壁的防水层高度应在 1.8m 以上，其他区域防水层高度不小于 30cm。

需要注意的是，想要让水顺利流出，卫浴的地砖铺设需要具有一定的落差。一般来说，地漏附近为最低点，坡度大，门口附近为最高点，坡度小。

第二，注意防霉与防菌。保持卫生间各个空间的干燥，是基于对卫生间卫生问题的考虑，潮湿环境容易滋生霉菌，从这一角度出发，防潮与防霉、防菌密不可分。卫生间是否防潮不完全取决于功能，也受制于设计。功能上的防潮主要受卫生间的通风效果和装修用材影响，通风效果与防潮效果成正比，而装修用材方面，卫生间的四壁与

干湿分离的卫生间

地面大都采用地砖，吊顶一般采用 PVC 板材或铝扣板，这些都能够有效阻止水分的渗透。在设计上，为避免水蒸气或水渍弥漫，可以采用干湿分离等格局，比如运用推拉门或拉帘将浴室与其他空间分开。

第三，注意防范异味。卫生间的异味处理不好，一方面会极大影响卫生间内部环境，另一方面也会对居室其他空间造成影响。卫生间内部异味主要源于地漏、马桶和洗手台，地漏的防臭需要通过防臭地漏实现，马桶的防臭主要取决于马桶自身的结构设计，洗手台防臭主要通过下水管道的 S 型存水弯来实现。此外，卫生间内产生的异味还需要通过通风设施及时疏散。卫生间外部的异味溢出，主要与下水管

通风、采光俱佳的现代卫生间设计

道有关，一般来说，马桶的下水系统与厨房和洗手池的下水系统应该相互独立，并具备独立的通风系统。

第四，重视卫生间的安全问题。卫生间装修常见的安全问题包括因地面湿滑而摔倒、洗澡或吹头发时出现漏电现象等。

防滑、防漏电的具体措施包括：卫生间的地砖应该使用防滑地砖，以免摔倒；插座应该使用带有地线等漏电保护装置的大功率插座（因为卫生间的用电器都是大功率设备）或安装等电位端子箱，且插座及等电位端子箱最好远离可能接触到水或蒸汽的位置。

家装妙招

卫生间如何装修会更舒适、实用

首先，颜色尽量简单。虽然我们可以根据家庭装修的整体风格来确定卫生间的装修风格，但在装饰线条上尽量简约一点，最好不要运用过于繁复的设计，也不要选择过于鲜艳和过多的颜色。很多人会选择以黑白灰为主色调去装修卫生间，赋予这方空间沉稳、宁静的特性。

其次，合适的照明。照明设计合理，能点亮卫生间的颜值。灯具最好不要安装在淋浴喷头的正上方，避免水蒸气遮掩住灯光。另外，最好选用防水、防潮的节能灯具，还可以在卫生间的镜子上方安装颜色偏暖的灯带或壁灯，作为局部照明。

最后，做好收纳。卫生间的收纳也是很多人关注的焦点。装修前要设计好足够的收纳空间，比如选用合适的墙壁做壁龛设计，或安装几个置物架，收纳沐浴用品，这样就能避免入住后卫生间凌乱、拥挤。

第八章

装饰与保养：细节之处皆智慧

美好空间，美好生活。家庭空间设计与装修不仅在于第一眼的风格与布局，更体现在细节之处。

在一个家庭空间中生活、工作或学习，能亲身感受到家装设计与装饰的美感与实用性，房屋主人的审美与性情也总是能从家装的细节之处体现出来。好的家装设计一定会重视细节，从每一个细节出发，为房主的生活提供便利，提升房主的生活愉悦感与幸福感。

轻装修，重装饰

在家装界一直都流行这样一个说法，即"轻装修，重装饰"，这是目前人们比较认可的家装设计思潮。

"轻装修，重装饰"具体是指装修（硬装）应尽量简约化，不做过多复杂烦琐的设计，装饰（软装）应在与硬装风格保持协调统一的基础上，重视细节、体现生活情趣。

简单来理解，如果要搬家，在房屋空间中的各类墙体墙面、家具家电、生活与装饰用品中，不能"搬走"的可归类为家庭硬装部分，可以"搬走"的可归类为家庭软装部分。在家装设计中，家庭硬装旨在满足基本入住需求，如接通水电、铺设地板、做防水层、安装暖气片以及安装嵌入式家具家电（马桶、地暖、抽油烟机等）；软装装饰则是为房屋空间增添生活需求和生活趣味，如增加整体床柜，装饰灯具、挂画、摆件、绿植，配置窗帘、地毯、床上用品等。

轻装修，把空间留给创意

一般认为，家庭硬装越简约，越能为家居空间不同风格、色彩、品质的定位留有更多发挥的空间。这一点并不难理解，当你为房间装上三层吊灯和欧式豪华水晶吊灯时，那么软装中的沙发、桌椅、背景墙装饰等必须是欧式风格的，而不建议中式风、混搭风，否则会让整个家居空间显得不协调、不美观；而当你选择了简约的吊顶和墙体装修后，那么通过不同风格的系列家具陈设可以让你的房间呈现出多元化的风格，如北欧风、清新田园风、现代中式风、简约 ins 风等，这些软装元素并不会和硬装有冲突感，整个家居空间能最大化地发挥设计特色，而且不影响以后家居空间设计风格的转变。

家装误区

"轻装修"不是"轻视"装修

家装设计中，对"轻装修，重装饰"过度解读和错误解读的人不在少数。

很多房主在拿到新房的钥匙后，就开始沉浸于对未来家庭的设想中，甚至连床头柜上要摆放一本什么样的书，卫生间里要放一组什么样的牙杯都考虑好了，却唯独对硬装"掉以轻心""急于求成"，或毫无规划、草草了事，或风格混搭，到真正入住时才发现诸多问题。

家庭装修是为家居空间设计奠定基础的，"轻装修"重在强调装修设计元素与风格的简约，而非要"轻视"装修。

一方面，装修的质量不容轻视。无论何种风格的装修设计，装修用材都一定要安全环保，装修成果和质量应验收合格。

另一方面，装修的整体规划不容轻视。对装修硬件的布局、分区、走向应做详细规划，切勿等到地板装好才决定安装地暖，等墙面处理好后才想要在墙体里多增加一条走线。

重装饰，不忽视每一处细节

◆ 细节装饰，为生活增添意趣

从家庭装饰细节中能了解房主的审美、喜好与品位，家庭生活藏在细节中，细节设计亮点可以成为点睛之笔，既能弥补硬装的一些不足，也能锦上添花、为家居空间增光添彩。

硬装完成并验收合格之后，就可以着手进行软装了。软装可以根据不同家庭区域进行装饰，要兼顾装饰的美观性和功能性。具体来说，家庭软装应特别注重以下几个方面：

首先，软装设计应充分考虑硬装后留下的可发挥空间。

这里的"空间"不仅仅是指房屋物理空间的大小，还指硬装之后房屋是否存在设计风格的约束性、是否有需要修补或改良的地方，如果有，那么需要统筹考虑，在避免拆墙打洞、"大动干戈"的基础上，通过软装尽量弥补装修不足和空间不足，让整体空间能给人以美和舒适感。

举例来说，同样的墙面和地板面上，通过不同色调和风格的家具装饰，可以呈现出不同的空间感觉、视觉和心理感受。

黑灰色家具映衬得墙面偏灰，有肃穆、沉静之感

黄绿色家具映衬得墙面泛黄，有温暖、文艺之感

　　其次，软装应充分考虑房屋主人的居住需求。

　　对房屋空间进行装饰时，应考虑房主的家庭成员构成、不同人的生活习惯、不同人对具体家居生活用品的使用要求等，以便清晰地对每一个空间区域进行有针对性的装饰。

　　最后，软装应符合和突出房主的个人品位和家庭品位。

　　与硬装相比，软装更容易被房主及其家庭成员在生活中感受到，在满足居住功能的基础上，软装应对具体的个人审美和生活品位有所体现，这样的软装才是贴近生活的、别具一格的、富有美感的。

装点禅意的独处和会客空间

为柴米油盐增添几分诗意

营造古香质朴的阅读氛围

◆ "一平米空间"创意装饰

对于很多人来说，家里的空间无论大小，总是感觉不够用，而一些临近边角、墙垛的空间总是闲置而得不到有效利用，通过丰富的装修技巧与软装元素可以将家中的每一平米都利用起来，让你减少空间利用烦恼、增加空间设计灵感。

一平米工作区

一平米厨房

一平米卫生间

硬装与软装和谐统一、相辅相成

在家装过程中，不同的人对硬装和软装有不同的看法，在家装规划中有不同的侧重，这些都是正常的。

应该充分认识到，无论是侧重于硬装还是软装，都要尽量做到家装设计与装饰的美感和实用性，实用是基础，美是升华。

关于"轻装修，重装饰"的一个非常中肯的建议是，如果家装工期短、预算低，可以在要求装修质量严格达标的基础上尽量简约化，在入住之后再通过装饰来逐步美化家居空间。

此外，对于软装无法弥补、修复的家装部分，如嵌入墙体的门、柜的材质、型号与颜色，应就整个家居空间进行完整规划后再确定，避免返工。

总之，硬装和软装是互为补充、相辅相成的，一个适宜居住的家居空间需要硬装与软装的和谐统一，二者不可偏废其一。

家装设计中，要学会做减法

舍弃烦琐，回归生活

当前快节奏的社会生活使得越来越多的人开始崇尚"断舍离"的生活理念，这一理念应用到家装设计中，就是为家装做减法。

当然，美是多种多样的，很多事情都有两面性，复杂的设计能创造多层次与空间的美感，但必然会用到更多的元素，需要更多的物理空间，也会在视觉上给人一种"满"的感觉。

例如，多层的天花板能增加空间层次性，但必然会降低房屋的空间高度，层次感与空间高度很难兼得。

如果你追求简单的生活，那么在家居空间上就应该为家装做减法，在满足基本生活需求的基础上，尽量简化设计、简化装修与装饰，给生活留有足够的物理空间与心理空间。

关注简约的线条、空间延伸与留白

◆ 简约线条的运用

简约的线条能在视觉上给人一种简洁感，同时动线导向的线条能起到空间延伸的作用，这样会使家居空间有放大感，居住的舒适感自然也会有所提升。

◆ 巧用或不用隔断，延伸空间

与实体墙相比，镂空的隔断更能增加空间的层次感，有放大空间

墙壁、落地灯、壁画、花架、桌腿、椅子等一系列纵向线条使空间有挑高感

的效果，而如果在符合建筑安全的基础上可以不用隔断，那么，空间将进一步得到最大限度的视觉拓展。

延伸空间，可以从两个方面入手，一方面，通过两个空间的互通，可以实现室内不同空间的相互延伸；另一方面，通过室内与室外空间的互通，可以实现室内空间向室外空间的无限延伸。

需要特别提醒的一点是，在追求空间延伸时，不能打掉承重墙，一切以安全为先。

开放式厨房减少视觉隔断，实现客厅与厨房的空间互补，让空间更开阔

◆ 设计留白，满足对生活的无限想象

留白的设计能减少室内空间元素，给人一种简约感，并能为房屋

落地窗设计，将室内空间向户外延伸，从视觉上放大了室内空间

主人留有想象和再创作与装饰的空间。

　　以墙面装饰的留白为例，这是一种最简单实用的家居空间留白方式。

　　当墙面少了常规多色和壁画的装饰后，整个墙面会显得非常干净，给人以空旷感，这对于小户型的家庭来说是一种不错的选择。同时，为了使墙面不过于单调和空旷，可以通过如沙发、落地灯等高低错落的摆放体现出空间变化感。

　　当然，"留白"并不意味着"空白"，如果为了保留空间而什么都不加以装饰，那么整个房间也就会变成一个单调、呆板的空壳子，缺少必要的生活气息，这是不可取的。

墙面留白

空间留白

家装妙招

强化功能，节省空间

在家装设计中，除了线条引导、空间延伸和留白外，还可以通过对室内区域和家具的功能强化来节省空间、释放空间。

以下图为例，开放式厨房并没有将房内空间人为隔开，保留空间的最大化，而是在厨房设置了超大岛台，既在功能上划分了客厅与厨房，又可以当作餐桌，也可以作为在家办公的工作台，还可以是家中孩子游戏的操作台、学习桌，更可以供亲子互动使用……如此多功能的集中，满足了整个家庭对餐厅、书房、学习区等空间的需求，最大限度地节省空间。

多功能岛台为家庭节省了更多空间

壁纸、地毯的选择与保养

 壁纸的选择与保养

家装设计中，如果考虑使用壁纸，那么就要对如何选择和保养壁纸有一定的了解。就使用面积来说，壁纸的应用面积往往较大，因此不得不慎重。

具体来说，壁纸的选择与保养应该注意以下几个方面的问题：

第一，价格。

对于很多房主来说，壁纸的价格一定是房主非常关注的一个问题。在家庭装修设计预算中，购买壁纸的预算决定了对壁纸的选择有一个价格区间，这个价格区间确定以后，壁纸的选择大方向也就确定了。

第二，质量与安全。

壁纸的质量是不是合格、安全环保性能不能得到保障，这也是房主非常在意的问题。建议到家居用品商店或商场购买正规生产厂家的壁纸，最好有专业人士陪同；在选择壁纸时，可以详细查看壁纸的质检说明中壁纸有毒无毒，是否含有有害物质；咨询销售人员壁纸在运输过程中有无破损的可能以及如何处理；检查壁纸有无异味；如有可能，可以请销售人员焚烧一小段壁纸，感受和观察壁纸有无刺鼻味道和浓烟，如果没有，可放心购买。

第三，制作工艺与花色。

不同的人对壁纸制作工艺有不同的要求，不同的人对壁纸花色的喜好不同，对壁纸的选择需要因人而异。

亚麻纹理壁纸

艺术纹理壁纸

田园花纹壁纸

第四，耐磨性与防水性。

耐磨性与防水性不仅会影响壁纸的品质和外观，也会影响对壁纸的保养，一般来说，高耐磨的壁纸可直接擦洗，这会为壁纸后期的保养提供诸多便利。在选择壁纸时，可以通过触摸壁纸的手感、观察壁纸的密度等来对壁纸耐磨性、防水性做出大致的评估。

第五，风格搭配。

壁纸与房间的整体风格搭配是选择壁纸时必须要考虑的问题。在确定了壁纸的价格区间、质量标准、外观品质与花色之后，应就壁纸能否与房间的整体设计相协调进行斟酌，壁纸应与周围环境协调搭配、没有违和感。

第六，保养方法。

如果你认为壁纸的保养是从贴上壁纸之后开始的，那就大错特错了。在壁纸上墙之前，对壁纸的保养就开始了。

在贴壁纸前，要仔细观察墙体的基本情况，如墙体是否牢固、墙面是否平整、有无浮尘等，这些都会影响后续壁纸的使用。

在壁纸贴上后的几天内，房间内应保持干燥，如果房间内过于潮湿可能会影响壁纸的上墙效果，或引发壁纸发霉、破损，进而会影响壁纸的使用寿命。

对壁纸进行清理时，要根据不同壁纸有针对性地进行清理。针对防水性壁纸，可拿湿毛巾或湿纸巾轻轻擦拭，然后用干毛巾及时吸干壁纸上的残余水渍。针对不防水的壁纸，可拿鸡毛掸子为壁纸去灰，或使用小型的吸尘器吸走壁纸上的灰尘。

此外，壁纸上有划痕、翘角的情况，应及时处理。

搭配绿植的质朴自然的立体壁纸

充满格调的纯色壁纸

卡通风格的儿童房墙面壁纸

 地毯的选择与保养

地毯是家装的重要组成部分，它不仅具有吸音、隔音、吸水、防滑、保护、防尘等实用功能，还有重要的装饰功能，能让家居空间变得更加美观、灵动、有层次感。

在家居空间中，地毯作为重要的实用品和装饰品，在门厅、客厅、卧室、厨房、卫生间等都有较为广泛的应用。

和选购壁纸一样，选购地毯时同样要关注价格、质量、品质、安全性、外观等基本问题，这里不再赘述，下面重点介绍地毯的空间搭配与保养两个方面的问题：

第一，地毯的空间搭配。

地毯在家居空间的最底部，有地面支撑的视觉效果，因此从颜色方面来讲，地毯的颜色应与房间主色调或邻近主体家具保持一致或相近（同色系），地毯的颜色尽量不要比房间主色调或邻近主体家具的颜色浅，以免在空间上给人以头重脚轻之感。

同色系地毯搭配

深色系地毯搭配

　　当然，如果房主是新潮时尚一族，那么可以在房间中大胆尝试撞色，让地板与空间中的其他元素的颜色形成反差，给空间带来一种或清新亮丽或个性十足的感觉，以彰显家装设计的细节感。

　　第二，地毯的保养。

　　一般来说，短毛地毯比长毛地毯更容易保养，但这并不是绝对的。无论什么材质的地毯，在保养时都要重点做好两个方面的工作。

鲜亮个性的地毯

　　一方面，要定期为地毯除尘。日常生活中，可以使用吸尘器对地毯进行除尘，并定期用专用的清洁剂对地毯进行彻底的清洗。

　　另一方面，要定期为地毯除螨。地毯的材质决定了它很容易藏污纳垢，因此会不可避免地滋生细菌和螨虫，对此，要定期为地毯除螨，除了做好除尘和清洗外，还可以使用专门的除螨仪对地毯进行除螨处理。

家具、家电的选购与养护

 家具、家电的选购

如果一个家庭中，没有家具与家电，也就没有了生活气息，那么就不是一个宜居的空间。好的家具、家电能打造舒适的居住空间，也给生活增添乐趣。

在家具、家电的选购过程中，安全永远是第一位的，因此要特别关注家具的材质和家电的品质。

◆ 家具材质体现家居风格

从用材来看，家具可以分为木质家具（实木、人造板材）、皮质家具、金属家具、塑料家具等，也有不同种类材质共同制作成的复合材质家具，这些不同的家具能满足房主的不同审美与使用需求。可以选购和定做成套的系列家具，也可以为不同的家居空间依次单独购买和添置不同家具。

木制家具

铁艺家具

不同材质的家具呈现出来的质感和风格不同，需要房主根据自己的家装设计风格和生活需要来选择，可以结合个人喜好和家装空间设计的风格进行有针对性的选择。如实木家具给人以自然质朴之感，金属家具多被陈设在欧式、复古风格的房间中，别有一番韵味。

需要特别提醒的一点是，无论何种材质的家具，都应是质量合格的环保家具。

◆ 家电品质彰显生活品位

在当前的智能时代，人们对家电的需求更加迫切，对家电的智能化、颜值、功能等均有较高的要求。

传统家电能满足家人基本视听需求，如电视机、收音机、冰箱等；智能家电能解放双手，将个人从繁忙的家务中解放出来，并能提供很多生活服务。融入了科技元素的大家电与小家电，给人们的生活

家用投影仪屏幕

带来更多的便利，让人们能更好地享受美好的家居生活，如智能音箱、智能手表、智能电饭煲、智能洗碗机、智能扫地机器人、智能投屏与投影等。

选购家电可以去实体店选购，也可以从网上订购，这两种方式都能送货到家，非常便利。

结合个人和家庭需要，可以有针对性地选购家电，选购时认准品牌商标、关注售后与质保。

智能扫地机器人

智能音箱

家具、家电的养护

不同家具、家电的养护内容和注意事项不同，关于家具、家电的具体养护方法与技巧，这里有以下几种建议可供参考：

1. 木质家具无论是否涂有油漆，都应注意做好防水，尽量避免用水清洗或用半湿毛巾或半湿抹布擦拭，局部的污渍用半湿毛巾或半湿抹布清理后尽快擦干，以免破坏家具材质。

2. 为木质家具打蜡，可以形成很好的家具保护膜。

3. 小面积的家具表面泛黄，可以挤取少量牙膏轻轻擦拭。

4. 某一家电长时间不用时，应及时断掉电源。

5. 各类家电的遥控器要定期消毒。

6. 一些智能电冰箱自带除异味和防结霜功能，对于没有这种功能的电冰箱应及时除霜、除臭。新鲜的橘子皮、柠檬片，晒干的茶叶都可以帮助冰箱除去异味。

7. 如果有小件异物掉入电器操作板或内部控制部位，应打开底盖，除掉异物，清除干净后，用无水酒精擦洗。

8. 定期为家具、家电除尘，可以使家具、家电保持良好的光泽感。

9. 各类家具、家电均应远离热源。

采光、保温、隔热、隔音

　　想要获得更好的居住体验，就一定要注重家居环境的采光、保温、隔热、隔音。

　　首先来说说采光。好的采光设计可以给室内空间制造出明暗变化，提升视觉质感。白天，光线多数来源于窗外的自然光。那么，如果户型不理想，导致房间采光效果不好怎么办？

　　采光不好的房间尤其要注重照明设计，此外，掌握一些装饰布置的技巧也能改善这种情况。比如选择浅色系的家装设计，大面积的白墙、浅色家具可提升室内明亮度；在合适的地方挂放镜子也能从视觉上增大空间；在地面铺设抛光瓷砖，方便清洁，还能利用反光去增加光线；等等。

　　再来说说室内保温措施。一般环境下，独栋住宅可通过在屋顶或墙壁内外铺设保温层实现保温，而一般的商品房在装修时可采用内墙保温涂料、岩棉条、岩棉管等材料实现保温效果。另外，可选择气密性较高的门窗和保温窗帘、门帘等。或者运用其他保暖措施，如铺设地暖等，这些都可以起到较好的辅助保温效果。

白墙和抛光地板，增加室内明亮度

　　隔热措施与保温措施有一定重合的地方，比如保温层，既能在寒冷的冬天起到保温效果，又能在炎热的夏季将高温隔离在外。另外，室内装修时，可使用玻璃纤维等墙体隔热材料来增加隔热效果。

　　噪音对生活的影响是巨大的，噪音在住宅的传递途径包括楼板撞击、混凝土共振等，除却我们熟知的隔音门窗具有较高的隔音性能，针对门窗无法阻隔的噪音，可以通过特别的装修设计进行改善。比如对于上层住户活动造成的地板噪音，可以通过改变吊顶安装等方式来减缓震动，即将传统的悬挂式吊顶转变为利用弹性材料直接固定在承重墙上的吊顶方式；针对墙面噪音，可以通过添加柔性材料如软装等方式进行缓解；针对混凝土共振噪音，可在混凝土楼板上铺设隔音层；等等。

无障碍空间设计

"无障碍"这一设计理念是站在人性化的角度所提出的，其目的是保障老弱病残等社会弱势群体的通行安全和使用便利。

这一理念同样适用于家居空间的规划与设计，其不仅能方便社会弱势群体，也能给我们普通人提供更为舒适、健康、便捷的居住环境。

 ## 适宜的空间尺寸

无障碍空间设计的核心在于消除通行障碍，创造宽敞明亮的居住环境。尤其要注意保持室内走廊、过道的畅通无阻，不可在这些区域内放置过多杂物。客厅沙发与电视柜、卧室床与窗户之间的距离要保证大于800mm（0.8m），这是为了方便轮椅通过。

如果户型较大，可选择活动空间更为自由便利的U形或L形厨房，前者动线四通八达，作业面多，后者开间小、进深大，都很适合老年人或残障人士使用，能够最大限度地保障轮椅的旋转空间。

浴室出入口应足够宽敞，最好运用无障碍的推拉门来替代旋转门。为了容纳淋浴椅，浴室的淋浴空间宽度至少在 800mm 以上。

宽敞实用的 L 形厨房

灵活的空间规划

日常生活中，我们可根据实际需要去灵活规划、布置空间。最好将活动空间集中在一起，休息区则尽量营造轻松舒适的氛围。

避免购买沉重的、固定式的家具，而应选择简洁轻质、方便挪动的家具，随时利用家具去分割、改变室内空间布局，以得到更加舒适的居住体验。比如，冬天卧室南面的阳光充足，可以将床、书桌设置在窗户附近，到了夏天，阳光炙热，卧室床等家具的摆放则需随时调整。

家装妙招

无障碍地面

在无障碍家居装修中，无障碍地面是重中之重。装修的时候，要尽量将地面和墙面做平整，平日里也要尽量保持室内地面的干燥、平坦，不在客厅、卧室、厨房、卫生间地面的各个角落堆放杂物。如果出现地面不平整的情况，可对其进行打磨处理，或用石膏和水泥进行修复。

最好不要设置门槛和台阶，如果因为户型等原因导致不同居住空间之间设有台阶，也要采用倾斜坡道连接，方便轮椅通行。

新颖的无障碍设计

◆ 倾斜水槽

在水槽底部设置一定角度的斜切面，令水槽底部向人的身体倾斜，这种新颖的水槽设计能够极大地方便身材矮小的儿童和行动不便的残障人士使用。最为出名的是法国设计师 Gwenole Gasnier 的作品——"Un Lavabo"水槽。

◆ 洗漱台下方留空

"洗漱台 + 浴室柜"的设计在生活中很是常见，毕竟浴室柜能收纳各种卫生、洗漱用品，很是方便。但如今，已有很多家庭选择将洗漱台下方留空，这样的设计既清爽美观，也增加了空间的利用率。

不安装浴室柜，并不会让收纳空间变小，事实上，你可以自由选择不同的收纳工具去装扮这方空间，比如进出自如的小推车等。这种设计也会彻底消灭卫生死角，令日常打扫更轻松，同时，坐轮椅的人使用起来也会很方便。

将洗漱台下留空，更美观实用

参 考 文 献

[1] 金长明，王明善. 解读家居细部设计：客厅 [M]. 沈阳：辽宁科学技术出版社，2014.

[2] 金长明，王明善. 解读家居细部设计：餐厅·卧室 [M]. 沈阳：辽宁科学技术出版社，2014.

[3] 许海峰. 家装设计速通指南：装修材料详解 [M]. 北京：机械工业出版社，2018.

[4] 理想·宅. 家装热搜问题百问百答：装修设计 [M]. 北京：化学工业出版社，2016.

[5] 李晓丹. 图解室内设计入门与方法（第 2 版）[M]. 北京：机械工业出版社，2018.

[6] [日] 波波工作室著，蒋奇武译. 性格色彩心理学：1 秒看懂他人改变自己 [M]. 杭州：浙江人民出版社，2019.

[7] 漂亮家居编辑部. 就是爱住零装感的家 [M]. 北京：北京联合出版有限责任公司，2020.

[8] 雷敏，王娟，于文. 浅谈家居地面装饰材料及其养护 [J]. 中国洗涤用品工业，2021（11）：80—81.

[9] 杨帅.家居设计中地面材料的应用 [J].科技风，2015（1）：188.

[10] 张云，李自林，薛炳勇.室内墙面装修现状分析 [J].科技风，2020（10）：112—113.

[11] 唐晓娟，赵媛.墙面装饰材料的应用 [J].现代装饰（理论），2012（12）：41.

[12] 朱敏.小小玄关功能多 [J].建材与装修情报，2009（4）：52-55.

[13] 刘斯荣，许嵩.谈居室装修中的玄关设计 [J].才智，2010（25）：190.

[14] 顾平.住宅空间的隔断设计研究 [J].现代装饰（理论），2014:（12）：26—27.

[15] 张荣.有限空间无限意趣——浅谈小户型设计 [J].才智，2014（17）：270.

[16] 塔怀红，胡冰寒.蜗居不再"蜗"——浅谈小户型如何打造大空间 [J].湘潮（理论版），2011（4）：73.

[17] 文博.小户型构造大空间 [J].绿色中国，2007（2）：38—41.

[18] 隗阳.小户型室内空间设计色彩研究 [J].考试周刊，2017（54）：177.

[19] 李桢.住宅室内陈设设计 [J].建筑与文化，2015（11）：205-206.

[20] 邸志坚.厨房、卫生间装修四原则 [J].建筑工人，2002（6）：52.

[21] 李萱 . 家居陈设设计研究 [D]. 天津：河北工业大学，2015：16—19.

[22] 韩江南 . 基于家庭生命周期的住宅室内陈设设计研究 [D]. 长春：吉林建筑大学，2015：21—22.

[23] 李雨晴 . 当代空间观念中的隔断创新设计研究 [D]. 徐州：中国矿业大学，2019：18—19.

[24] 时下流行的 14 种家居设计风格，总有一种适合你 [EB/OL]. https://baijiahao.baidu.com/s?id=1665550001235994965&wfr=spider&for=pc%EF%BC%8C2020，2020–5–3.

[25] 走廊式 + 独立式 + 简易式门厅如何设计才能更美观实用？ [EB/OL].https://view.inews.qq.com/a/20200706A0V0SD00?tbkt=D&uid=100014713123&refer=wx_hot，2021–7–6.

[26] 衣帽间布局、分区、摆放有什么技巧？做好这 3 个地方，很好用 [EB/OL].https://baijiahao.baidu.com/s?id=1679063628458317045&wfr=spider&for=pc,2020–9–30.

[27] 所有关于儿童房设计的知识都在这里了 [EB/OL]. https://zhuanlan.zhihu.com/p/25156526,2017–2–10.

[28] 如何理解"轻装修，重装饰"？ [EB/OL]. https://www.zhihu.com/question/24520335,2017–1–10.